Marcel BROSSARD

Lauréat de la Société des Agriculteurs de France

LA PLAINE de Châteaurenard-Provence

Lou Paisan, ounte que siègue
Es lou cepoun de la nacioun
(Le paysan en tout pays
Est le soutien de la nation.)

F. MISTRAL

Les Oliviers : Chanson du Paysan

Juillet 1926.

THÈSE AGRICOLE

MARCEL BROSSARD
Lauréat de la Société des Agriculteurs de France

LA PLAINE DE CHATEAURENARD-PROVENCE

THÈSE AGRICOLE
SOUTENUE EN JUILLET 1926
A L'INSTITUT AGRICOLE DE BEAUVAIS
DEVANT MESSIEURS LES DÉLÉGUÉS
DE LA SOCIÉTÉ DES AGRICULTEURS DE FRANCE

BEAUVAIS
IMPRIMERIE DÉPARTEMENTALE DE L'OISE
26, rue de Malherbe, 26

1926

A MES CHERS PARENTS

En témoignage de ma
profonde affection et
de ma filiale gratitude

INTRODUCTION

On dit que la Touraine est le jardin de la France. Soit ! Maintes raisons justifient cette appellation flatteuse, tirée surtout de l'esthétique. Qu'il nous soit permis de donner ici le nom de potager et même de verger de la France à cette contrée si riche qui s'étend de Cavaillon à Tarascon, englobant Avignon dans le nord, et plus particulièrement à la plaine enserrée entre le Rhône, la Durance et la chaîne des Alpines : la plaine de Châteaurenard-Provence.

Cette plaine, dotée d'un soleil magnifique, enrichie d'un limon précieux par les eaux tumultueuses de la Durance, constitue aujourd'hui un immense jardin potager alimentant de ses produits bien des marchés français et même étrangers.

Et pourtant, ce jardin n'est pas vieux : il y a cinquante ans seulement, cette région ne se distinguait en rien de ses voisines, et se prêtait peu d'ailleurs aux cultures qui, aujourd'hui, la font si riche. Il a fallu la patience, la volonté, la ténacité de ses habitants pour en faire en si peu de temps ce qu'elle est aujourd'hui.

Cette transformation étonnante a retenu mon attention ; et lorsque j'ai été à même d'apprécier, grâce aux bonnes leçons de mes professeurs de l'Institut agricole de Beauvais, tous les efforts qu'un tel travail avait demandé, j'ai pensé à étudier plus en détail ce qui avait été fait, et ce qui restait à faire pour la prospérité de ce pays.

J'ai été facilité dans cette besogne par l'obligeance de beaucoup de propriétaires, que je suis heureux de remercier au début de ce travail. Qu'il me soit permis aussi d'exprimer à M. J.-B. Gruot et à M. Ch. Duclos toute ma reconnaissance pour les conseils éclairés et les renseignements précieux qu'ils m'ont fournis.

PLAINE DE CHATEAURENARD

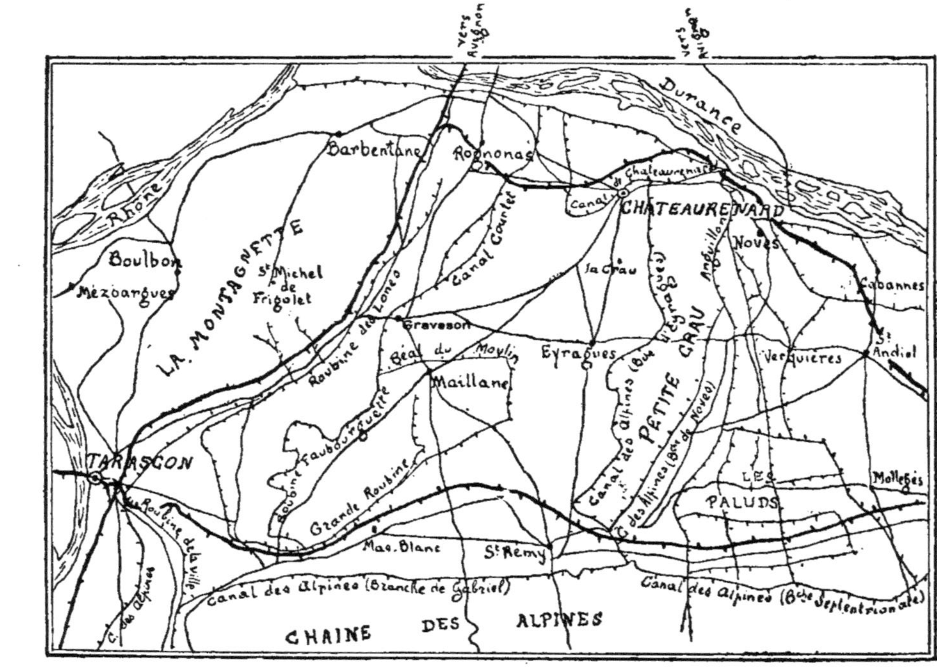

Première Partie

GÉNÉRALITÉS

A. — Conditions naturelles

I. — Situation et aspect de la région

La plaine de Châteaurenard-Provence s'étend au sud d'Avignon, entre le Rhône et la Durance, qui la limitent au nord, à l'est et à l'ouest.

La plaine est limitée au sud par la petite chaîne des Alpines. Elle est tout entière comprise dans le département des Bouches-du-Rhône, dont les limites suivent, à cet endroit, la Durance et le Rhône.

L'altitude moyenne de la plaine est de 18 à 25 mètres. Mais cette altitude n'est pas uniforme : vers la Durance, elle s'élève à 60 mètres ; elle s'abaisse ensuite progressivement de l'est à l'ouest, pour n'atteindre plus que 7 à 8 mètres sur les bords du Rhône.

La plaine présente deux irrégularités dans son relief : la Montagnette d'une part, et la Petite Crau, d'autre part.

La Montagnette est une petite colline dont l'altitude dépasse 160 mètres, mais qui ne se rattache bien nettement à aucune chaîne de montagnes. N'y poussent bien que quelques oliviers et un peu de vignes. A son sommet a été construite l'abbaye de Frigolet.

La Petite Crau est un étroit plateau semblable en tous points à la Grande Crau. Son altitude maximum est de 103 mètres. Elle se prête assez facilement à la culture des primeurs.

La ville de Châteaurenard est située au nord de la plaine, à 12 kilomètres d'Avignon. C'est un chef-lieu de canton de 8.000 habitants environ. Si cette ville n'est pas le centre géographique de la plaine, elle en est certainement le centre économique, car c'est sur ses trottoirs que se tient le marché le plus important de toute la région, et où chaque matin, tous les producteurs de la plaine apportent leurs produits.

La ville est dominée par deux tours, vestiges d'un château des comtes de Provence, d'où l'on découvre le panorama entier de la plaine, jusqu'à la chaîne des Alpines que l'on aperçoit à l'horizon. Et c'est un spectacle étrange pour le touriste de voir toute cette plaine coupée irrégulièrement mais sur toute son étendue, d'innombrables rangées de cyprès toutes parallèles, qui s'opposent à la violence du vent, plus particulièrement du mistral.

Ici, ces arbres n'ont plus le lugubre aspect qui les a fait adopter pour les cimetières : placés dans un pays où le soleil brille sans cesse, où la gaieté remplit tous les cœurs, ces arbres ne donnent pas une impression de tristesse, et leur présence semble,

Coupe Géologique

Ouest
Lat.N: 48G 74'
Long.E: 2G 57'

Est
Lat.N: 48G 70'
Long.E: 2G 98'

Rhône fl.
Boulbon
la Montagnette
159
162
Ch. de fer
Route
Graveson
Eyragues
8
17

Eyragues
Petite Crau
90
Canal des Alpines
Verquières
Rte Nle n°7
Ch. de fer
St Andiol
59
Durance riv.
10

Dépôts meubles des pentes — Alluvions modernes — Limon des plateaux (Pliocène) — Alluvions anciennes — Calcaires lacustres (Tortonien) — Argiles du Barrénien — Néocomien

Echelles : longueurs, 1/100.000e — hauteurs, 1/10.000e

au bout de peu de temps, si naturelle au cultivateur, que ce dernier, éloigné de son pays, cherche en vain ses rideaux de cyprès sans pouvoir s'accoutumer à leur absence.

II. — **Géologie**

Le sol de la plaine de Châteaurenard est formé presque complètement par des alluvions de la Durance et du Rhône.

Toute la région de Châteaurenard comprend : la plaine proprement dite, deux petites collines constituant la Montagnette et le plateau de la Petite Crau.

PLAINE PROPREMENT DITE

Le sol de la plaine n'est pas homogène, car les alluvions qui le composent ont été déposées à des époques différentes.

La plus grande partie du sol est composée des alluvions les plus anciennes. Ce sont des cailloux de petite dimension appartenant à des roches de provenance lointaine : quartz, variolite, ou bien des dépôts sablonneux.

Parfois les cailloux sont mélangés aux dépôts sablonneux, parfois séparés. On trouve plus particulièrement ceux-ci entre Saint-Rémy, l'Isle et Sénas.

Les espaces exclusivement caillouteux forment des garrigues. Il est probable que la Durance, en des temps très reculés, a dû se jeter dans le Rhône au nord d'Avignon, déplaçant brusquement son immense lit et formant alternativement des dépôts sur la rive droite et sur la rive gauche.

Les alluvions les plus récentes occupent les rives actuelles de la Durance et du Rhône. Elles se sont déposées lors des grandes crues de ces fleuves, une fois leur lit formé.

Les « paluds », que l'on trouve entre Avignon, Carpentras et Cavaillon, sont les dépôts abandonnés par d'anciens marais. Ce sont des limons argilo-calcaires, jaunes ou noirâtres. Très profonds, ils sont d'une fertilité remarquable et excellents pour la culture des plantes maraîchères.

Au point de vue chimique, et d'après des analyses de M. Zacharewicz, ces terres sont un des rares exemples de terres complètes : ce sont les plus fertiles.

PETITE CRAU

C'est un étroit plateau orienté du nord au sud, couvert de cailloux comme la Crau. Il forme barrage en travers de la grande plaine, qu'il domine d'une hauteur de 40 à 50 mètres. Cette haute terrasse alluviale s'élève à la limite des anciennes vallées de la Durance et du Rhône, et se relie vers le nord au-delà du Pas-de-Noves, à une ligne de hauteurs de même nature et de même origine qui commence à Caumont et se poursuit dans la direction de Chateauneuf-Calcernier.

Ce plateau est principalement composé d'alluvions pliocènes. Le substratum est formé par la mollasse miocène qui apparaît en ruban sur tout le pourtour.

MONTAGNETTE

C'est le relief le plus insignifiant parmi les montagnes des Bouches-du-Rhône, il se trouve comme perdu au milieu des plaines du Rhône et de la Durance. La Montagnette ne se rattache à aucune chaîne et ne présente aucune direction bien franche.

C'est une table de calcaire infra-crétacé, inclinée vers le nord-ouest, et entourée de tous côtés par la plaine alluvionnaire. Elle se trouve à 2 kilomètres environ au nord de Tarascon ; sa forme est presque celle d'une ellipse allongée du nord-est au sud-ouest. La longueur du grand axe est de 9 kilomètres ; celle du petit, de 5 kilomètres.

L'altitude dans la bordure orientale est de 60 à 80 mètres à l'extrémité des chaînons provenant de la découpure des plateaux. Elle arrive à 162 mètres au plus dans les parties que n'a pas atteint l'érosion ascendante (Saint-Salvador, Saint-Michel-de-Frigolet).

C'est un véritable petit désert de rochers où se montrent quelques oliviers, des amandiers et de rares vignobles. Cependant, certains vallons, comme celui qui mène de la station de Graveson-Maillane à l'ancienne et si curieuse abbaye de Frigolet, ne manquent pas de charme au printemps avec leurs aubépines et leurs plantes odoriférantes.

III. — **Climatologie**

Le climat de la plaine de Châteaurenard est un climat méditerranéen, tant par le régime des vents que par les écarts de température qui y sont observés.

A l'inverse du terrain, il est peu favorable à la culture maraichère : « changements de température très brusques, vents violents, sécheresse prolongée, pluies torrentielles, font le climat extrême de la Provence ».

Cependant, les habitants ont su utiliser la grande chaleur de cette région et entraver l'action des vents et des sécheresses par l'établissement d'abris et de canaux d'irrigation.

VENTS

Le vent dominant de la Provence est le « mistral » (du provençal « mistrau », qui veut dire maître). Sa direction est légèrement variable. D'ordinaire, le mistral provient du nord-est. Très sec, il dépouille le ciel de ses nuages et entraîne toujours une diminution très notable de température.

Le mistral souffle parfois très doucement, mais le plus souvent, brutalement, après des chutes de pluie ou de neige. Sa vitesse maxima observée à à Marseille, est de 86 kilomètres à l'heure. Il ne dure que quelques jours, ordinairement trois, ou, sinon, un multiple de trois : il débute plus ou moins brutalement, acquiert toute sa force au deuxième jour, et mollit le troisième ; s'il ne cesse pas alors, il continue de souffler pendant une autre période de trois jours, et ainsi de suite. Mais ce sont ordinairement les trois premiers jours les plus redoutés.

La force du mistral est telle qu'il enlèverait les toits des maisons si l'on n'avait soin de les couvrir de grosses pierres.

Le seul avantage du mistral que nous puissions signaler est de purifier fortement l'air et d'éviter de graves épidémies dans certaines agglomérations où l'hygiène est trop peu connue.

Les principaux autres vents sont :

Vents de l'est et du sud-est, qui amènent généralement la pluie ;

Vent du nord-est, fréquent mais peu violent ;

Vent du sud, ou « siroco », dont l'action si redoutée sur les côtes méditerranéennes se fait très peu sentir dans la plaine de Châteaurenard.

TEMPÉRATURE

La température présente de grands écarts, car l'action de la mer au point de vue de la régularisation des températures ne se fait plus guère sentir, alors que sur les côtes, au contraire, comme réservoir de chaleur, elle joue le rôle de volant et atténue les écarts.

L'écart moyen annuel des températures est d'environ 5°4. Arles, dont la situation permet d'adopter pour la plaine de Châteaurenard les observations qui y ont été faites, possède la plus forte température moyenne de tout le département.

Voici, d'ailleurs, d'après l'Encyclopédie départementale des Bouches-du-Rhône, la température moyenne saisonnière et l'écart moyen saisonnier des températures extrêmes :

	HIVER	PRINTEMPS	ÉTÉ	AUTOMNE
Température moyenne saisonnière....	6,1	12,9	21,9	14,4
Ecart moyen saisonnier des températures extrêmes....	4,0	5,5	7,3	4,9

Les minimums observés ont été inférieurs à —8° C. Quant aux maximums, ils ont dépassé, rarement d'ailleurs, 40° C.

PLUIES

Voici les quantités de pluies recueillies dans trois centres d'observation se trouvant, sauf Arles, dans la plaine de Châteaurenard :

	ALTITUDE	QUANTITÉS D'EAU	PÉRIODE D'OBSERVATION
Arles	8m	575 m/m	1782-1903
Saint-Rémy ...	60m	581 m/m	»
Castellan	47m	632 m/m	»

La répartition des pluies par saison, à Arles, a été la suivante, entre les années 1882-1912 :

Hiver	121 m/m
Printemps	148 m/m
Eté	114 m/m
Automne	209 m/m
Total..................	592 m/m

On a noté, également à Arles, le nombre de jours où il est tombé au moins 5 m/m d'eau, et l'on a trouvé :

Hiver	18 jours
Printemps	16 »
Eté	12 »
Automne	29 »
Total.................	75 »

Les quantités d'eau tombées sont à peu près égales à celles que l'on recueille dans le bassin parisien. Mais les facteurs météorologiques ont une influence considérable d'assèchement : ces facteurs sont : la nature du sol, le vent et les chutes d'eau en fortes averses espacées.

Les sécheresses les plus redoutées sont celles du printemps, comme les proverbes provençaux en font foi : « *plueio d'abrieu emplisse lou granié ; abrieu es de trento, mai quand plourié trentoun, farié mai en degun* » (pluie d'avril remplit le grenier ; avril a trente jours, mais s'il pleuvait pendant trente et un, cela ne ferait de mal à personne).

Et c'est la crainte de ces sécheresses et les longues périodes de temps sec qui ont rendu nécessaire l'établissement de tout le réseau actuel d'irrigation.

Notons enfin que les chutes de neige et les orages sont rares et de courte durée.

IV. — **Hydrographie**

Comme nous l'avons dit plus haut, la plaine de Châteaurenard est limitée en grande partie par le Rhône et par la Durance. Ce sont ces deux seules rivières qui nous intéressent ici, car la plaine n'est traversée par aucun autre cours d'eau.

Le Rhône, entre Tarascon et Avignon, c'est-à-dire sur le parcours qui longe la plaine, est d'une largeur et d'une profondeur très variable. En moyenne, la profondeur varie de 4 à 15 mètres. La largeur est d'environ 150 mètres.

La vitesse de son courant est assez considérable; en temps normal, elle suffit à déplacer de petits galets et à les rouler dans la Crau, où elle les pulvérise. Mais lors des crues, elle charrie de gros galets avec du limon. La vitesse du courant, de 0m50 en période normale, atteint 2m50 dans ce dernier cas.

La Durance est plus importante pour la plaine que le Rhône, car c'est elle qui alimente la plupart des canaux d'irrigation. Elle limite la plaine au nord et à l'est depuis Orgon jusqu'à son confluent avec le Rhône.

A Orgon, la Durance est à une altitude de 80 mètres. Elle passe dans une gorge étroite entaillée dans les roches très dures de l'urgonien.

Plus loin, la rivière coule à l'ouest de Cavaillon, reçoit le Calavon, son dernier affluent, et s'étend sur les territoires de Cabannes, Caumont, Bompas

(40 mètres), Noves, Châteaurenard, Rognonas, puis se jette dans le Rhône par plusieurs embouchures (altitude : 13 mètres).

La largeur de la Durance est de 160 mètres au pont Mirabeau, puis elle s'élargit considérablement. Au pont de Meyrargues, elle atteint 280 mètres ; à Mallemort, 300 mètres ; à Orgon, 380 mètres, et 535 à Barbentane.

La pente est de 2^{m}70 au pont de Cavaillon, et de 1^{m}90 au confluent avec le Rhône. Cette pente considérable donne au fleuve, bien que coulant en plaine, un régime torrentiel.

La Durance a une puissance d'érosion considérable. Soigneusement endiguée, elle est aujourd'hui peu redoutable. Et son rôle dévastateur, si redouté autrefois, est plus que largement compensé par tous les bienfaits qu'elle apporte à la Provence.

La rivière présente deux périodes de basses-eaux : l'une en été, l'autre en hiver, séparées par des périodes de crues.

Le débit moyen de la Durance est de 180 mètres cubes au pont de Mirabeau ; à ce même endroit, le débit minimum peut être évalué à 43$^{m^3}$3.

Les eaux de la Durance contiennent une notable proportion de chaux, magnésie et acide sulfurique. Comme l'a dit M. de Gasparin : « La caractéristique des eaux de la Durance est la présence des sulfates de chaux et de magnésie, surabondamment expliquée par la constitution géologique du bassin qui contient des formations gypseuses très étendues. »

Voici d'ailleurs, d'après M. Muntz, la composition des eaux de la Durance :

Pour un mètre cube :

Matières dissoutes, poids total : 240 grammes, contenant :

Azote total	0 gr. 435
Acide phosphorique	0 gr. 034
Potasse	3 gr. 120
Chaux	82 gr. »
Magnésie	19 gr. »
Acide sulfurique	66 gr. 500

Matières en suspension, poids total : 55 grammes, contenant :

Azote organique	0 gr. 112
Acide phosphorique	0 gr. 074
Potasse inattaquable par les acides	0 gr. 072
Chaux	12 gr. 630
Magnésie	0 gr. 049

D'après ces chiffres et en admettant que du 1er avril au 30 septembre, on emploie à l'irrigation d'un hectare de terre 15.000 mètres cubes d'eau, on trouve que cet hectare aura reçu, par l'eau de la Durance :

Azote	8 kg. 105
Acide phosphorique	1 kg. 260
Potasse	47 kg. 880
Chaux	1.419 kg. 450
Acide sulfurique	997 kg. 500

(M. Muntz.)

On voit donc que de grandes quantités de chaux, d'acide sulfurique, de potasse, sont fournies par l'irrigation, mais il n'en est pas de même pour l'azote et surtout pour l'acide phosphorique. Et l'on devra tenir compte de ce fait pour fournir au sol les engrais dont il a besoin.

B. — **Conditions matérielles de la culture**

I. — **Valeur des terres**

Les terres de la plaine de Châteaurenard sont, comme nous l'avons dit à propos de la géologie, un des rares exemples de terres complètes, que l'on puisse trouver en France.

Composées par les riches limons de la Durance, elles sont en général plutôt légères que fortes, et demandent principalement des fumures organiques : le fumier de ferme serait excellent, mais le bétail manque pour en produire. On s'est d'ailleurs heureusement rabattu sur les tourteaux.

Voici une analyse, une des rares que l'on puisse trouver sur les terres de cette région, et qui a été faite sur un prélèvement effectué près de Châteaurenard même, au lieudit « Ile-de-Leuze »

a) Analyse physique :

	POIDS	CALCAIRE	SILICE	DÉBRIS ORGANIQUES
	—	—	—	—
Cailloux	»			
Graviers	2 gr.			
Sable gros......	564 »	231	328	5
Sable fin.......	421 »	175	235	11
Argile	13 »			
	1.000 »	406	563	16

b) Analyse chimique :

Résultats rapportés
à 1.000 grammes de terre séchée à 110° :

	TERRE COMPLÈTE	TERRE FINE
	—	—
Azote total................	0,49	0,49
Chaux	225, »	226, »
Acide phosphorique.......	0,84	0,84
Potasse	3,20	3,26

Cette analyse peut donner une idée du sol en général, quoique sa composition varie naturellement d'un endroit à un autre. Particulièrement pour les cailloux, on remarque des champs qui en sont couverts. A leur forme arrondie, il est aisé de reconnaître des galets roulés autrefois par les eaux de la Durance et qui ont été abandonnés au moment où cette rivière s'est retirée.

La valeur vénale des terres est extrêmement élevée: la moyenne des prix est de 15 à 20.000 francs l'hectare. Mais on a vu vendre, près de Rognonas en particulier, des terres au prix de 30.000 francs l'hectare. Cependant, les terrains moins bien situés ou plus éloignés d'un centre, atteignent 8 et 10.000 francs l'hectare.

Peu de propriétaires louent leurs terres, mais ils les cèdent quelquefois à « moitié ». Cette sorte de métayage impose au propriétaire la fourniture des engrais nécessaires, le prêt des instruments agricoles et l'achat des semences. Le locataire fournit le travail et se charge de la vente des produits. Les bénéfices retirés des ventes sont partagés par moitié entre le propriétaire et le fermier.

Ce procédé permet à beaucoup d'ouvriers consciencieux de travailler en quelque sorte pour leur propre compte, sans avoir à faire d'avances importantes d'argent, qu'ils sont souvent dans l'impossibilité d'effectuer.

La régie est totalement inconnue dans la culture maraichère, de même que le fermage comme il se pratique dans les régions de grande culture. Cependant, parfois un propriétaire loue une parcelle de terrain qu'il cultive pour son compte personnel, mais on ne voit pas d'exploitation tout entière louée à un fermier. Il est vrai que les bâtiments sont pour ainsi dire négligeables et qu'ils se réduisent à la maison d'habitation, une écurie et une ou deux granges.

Dans ces conditions, tout agriculteur a intérêt à posséder son « mas », ainsi que les terres qu'il désire cultiver. La surface moyenne cultivée par un même propriétaire est d'une trentaine d'éminées (1), soit environ 2 ha. ½.

II. — **Les engrais**

Le sol de la plaine de Châteaurenard est très pauvre en potasse et en azote, par contre assez riche en acide phosphorique. Il sera donc avantageux d'employer des engrais renfermant principalement de l'azote et de la potasse.

---

(1) L'éminée est l'unité de surface employée dans le pays ; elle équivaut à 875 m².

De plus, il faut considérer que le fumier de ferme est excessivement rare, puisque l'élevage n'est pratiqué nulle part, et les conditions sont tellement favorables à la culture qu'il ne faut pas songer pour la production du fumier, au bétail, « mal nécessaire », le mal serait vraiment grand.

Acheter le fumier serait également peu avantageux.

Aussi a-t-on eu recours à des engrais spéciaux, les tourteaux sulfurés, qui présentent des avantages sérieux sur d'autres engrais comme le nitrate, sulfate d'ammoniaque, etc... Ceux-ci seraient rapidement entraînés dans le sous-sol par les eaux d'irrigation et ne profiteraient pas aux plantes. Il est vrai que l'azote ammoniacal reviendrait meilleur marché que l'azote organique pris dans les tourteaux, mais ces derniers, ne l'oublions pas, tendent à remplacer le fumier, ils enrichissent le sol, car leur azote ne peut être absorbé immédiatement par les plantes, les tourteaux s'assimilant moins rapidement que l'azote ammoniacal.

Les tourteaux vendus par de nombreux marchands, établis dans toute la plaine, sont des tourteaux sulfurés, soit par l'action du sulfure de carbone, soit par un tétrachlorure.

Les principaux sont :

Tourteau de colza,
— coton,
— ricin,
— sésame,
— arachide,
— palmiste,
— Niger.

Les plus riches de ces tourteaux, employés pour les cultures d'hiver, sont :

Tourteau de colza, dosant..........	5,5 %	d'azote
— de sésame, dosant........	6 %	—
— d'arachide, dosant........	7 et 8 %	—

Pour les choux, par exemple, on les emploie à la dose de 500 grammes par pied (après la plantation). Pour les salades, on en met avant la plantation 2.500 kgs à l'hectare. Pour les autres cultures, on emploie généralement des tourteaux moins riches ou à action plus lente à raison de :

1.150 à 1.700 kgs à l'hectare pour les cultures de graines ;

4.000 à 4.500 kgs à l'hectare pour la culture maraichère.

En sus des tourteaux, les cultivateurs emploient des engrais tout préparés vendus sous le nom d'engrais complets, composés environ de :

Superphosphates	30 kgs
Tourteaux	50 »
Sulfate d'ammoniaque et de potasse......................	20 »

Enfin, pour compléter l'action de ces engrais, le cultivateur n'ignore pas le nitrate de soude, qu'il mettra par exemple sur ses salades au printemps, le sulfate de potassium, qu'il emploiera pour ses racines, fruits, etc. (pommes de terre, haricots, aubergines, etc.)

Nous avons vu, par exemple, employer cette formule pour les pommes de terre :

Tourteau d'arachide..........................	40 kgs
Sulfate de potassium (48 à 52 % de potasse)..	15 »
Superphosphate (14 % d'acide phosphorique)..	45 »

Notons également que l'on emploie en demi-fumure, le tourteau à la dose de 2.500 kgs à l'hectare. Et, concurremment, les engrais chimiques : super, chlorure de potassium dosant 48 à 52 % de potasse comme le sulfate, mais à action plus lente, et le sulfate d'ammoniaque : 21 % d'azote.

Remarque. — La rapidité des successions des cultures ne donne pas le temps à l'engrais de se perdre dans le sol, et l'entretien minutieux de ces cultures ne permet pas aux mauvaises herbes d'absorber les prinpes fertilisants destinés aux plantes.

III. — **Irrigations**

L'irrigation est un des facteurs essentiels de la production dans la plaine de Châteaurenard. Cette irrigation est pratiquement réalisée à l'aide de canaux nombreux sillonnant toute la plaine et par des puits avec norias ou, mieux, avec des motos-pompes.

Les principaux canaux arrosant le territoire de la commune de Châteaurenard sont les suivants :

Le « canal principal », dérivé de la Durance, dit « canal de Châteaurenard ». Ce canal a sa prise dans la commune de Noves ; il parcourt 10 kilomètres et se subdivise en quatre canaux secondaires, alimentant des fossés ou roubines, d'une longueur totale de 100 à 120 kilomètres.

L'Anguillon, canal à eaux permanentes, alimenté par des sources, passe entre Châteaurenard et Noves. Ce canal était autrefois le fossé de desséchement des marais de Saint-Rémy, Molièges et Noves.

Le « Réal », creusé très probablement par les Romains, est dérivé de l'Anguillon et alimenté seulement quarante-huit heures par semaine.

Ces canaux sont entretenus par un syndicat dit « des arrosants », dont le siège est à Châteaurenard. Ce syndicat perçoit des droits proportionnels à la surface arrosée ou non de chaque propriétaire de la commune. Cependant, et par faveur, ceux qui n'arrosent jamais leurs terres avec ces canaux sont autorisés à ne payer que demi-taxe, ce qui se justifie, car ces terres ont une plus-value à la vente par le fait même de la présence des canaux d'irrigation.

Tous les propriétaires ne paient pas la même somme pour une surface déterminée, car ceux qui sont les plus rapprochés des canaux utilisent à certains moment la majeure partie des eaux et en privent souvent les autres. Aussi a-t-on divisé le territoire en trois classes, suivant l'éloignement plus ou moins grand des canaux par rapport aux terres. La première classe a un droit à payer de 0 fr. 75 par are, la seconde un droit de 0 fr. 60, et la troisième un droit de 0 fr. 35.

Il est à remarquer que la majeure partie des propriétaires de la troisième classe ne peuvent presque jamais utiliser les eaux des canaux, car celles-ci n'arrivent à eux qu'au moment où personne n'en a besoin. Aussi, pour ne payer que demi-taxe, ils ont creusé des puits ou, mieux, ont enfoncé des tuyaux dans le sol à une profondeur de 6 à 10 mètres, et irriguent leurs terrains à l'aide d'une noria actionnée par un cheval ou avec une pompe munie d'un petit moteur. De cette manière, ils n'emploient pas du tout les eaux des canaux d'irrigation.

Le désavantage de ce procédé est d'employer une eau trop froide et non aérée comme celle des canaux, mais ces derniers ont, par contre, l'ennui d'apporter sur les terrains des mauvaises graines et des mauvaises herbes qui peuvent infester tout le champ.

Le reste de la plaine de Châteaurenard est irrigué par la branche septentrionale du canal des Alpines qui passe sur les territoires de Sénas, Orgon, Mollègès, Saint-Rémy, Noves, Eyragues et Tarascon. Le débit de ce canal est de 5.000 litres.

Près de Châteaurenard, part de ce canal une deuxième branche septentrionale arrosant 2.000 hectares sur les territoires de Rognonas, Barbentane, Graveson, Tarascon.

Enfin, signalons quelques roubines issues de nombreuses sources (petite roubine d'Eyragues, Béal d'Eyragues, etc...), arrosant la majeure partie des terrains trop éloignés des canaux.

Ces canaux et roubines sont entretenus par la Compagnie française d'irrigations : « Canal des Alpines », dont le siège social est à Paris, 34, rue de Laborde, et il semble que l'organisation de cette société serait préférable à celle du Syndicat des Arrosants.

En effet, chaque propriétaire est imposé suivant le terrain qu'il arrose et, de plus, l'arrosage est réglementé de manière à ce que chaque propriétaire puisse arroser à jour fixe, sans gêner un voisin.

Ce système présente, il est vrai, un désavantage, c'est de priver d'eau un propriétaire un jour où celui-ci en a absolument besoin, par exemple pour effectuer une plantation, et de lui en donner le lendemain, où tous travaux seront empêchés par le mauvais temps.

Aussi rencontre-t-on, en prévision de ce cas, nombre de tuyaux « plantés » en terre, au coin des champs, et utilisés en cas de besoin.

Enfin, disons que la plupart des fossés qui servent aujourd'hui à diriger les eaux des canaux dans les champs riverains ont été creusés par les moines de Montmajour, au XIVe siècle, pour assainir le pays, qui n'était qu'un marécage excessivement malsain. Le résultat a été merveilleux, puisqu'aujourd'hui il n'y a plus ni marais ni étangs, mais de superbes champs ombragés de cyprès.

IV. — **Abris**

Le vent était, au début de la culture maraîchère, une des plus grandes difficultés à résoudre. En effet, le mistral, comme tout vent de grande violence, déchire les feuilles, brise les tiges, fait tomber les fleurs, évapore l'eau des tissus et celle du sol, dont il abaisse la température et, par conséquent, tend à entraver la culture maraîchère.

Deux sortes d'abris furent alors créés pour se garantir de ce vent : des abris de roseaux et des allées de cyprès.

1° ABRIS DE ROSEAUX

Le roseau le plus employé est le roseau phragmite (*arundo phragmites*), mesurant de 1m50 à 3m de long : son diamètre est de 12 à 15 m/m.

Pour établir un abri, on attache les roseaux avec un fil de fer, comme si l'on voulait faire un paillasson. Et, pour donner de la rigidité à l'ensemble, on place de part et d'autre de cette sorte de paillasson, et perpendiculairement aux roseaux, des lignes de cannes de roseaux, que l'on attache également avec des fils de fer. On espace ces lignes de 50 centimètres environ.

Pour maintenir en place ces panneaux ainsi formés, on plante sur la ligne où l'on doit placer l'abri, et à un mètre de distance, des piquets de 1m50 à 2m de haut. Ces piquets se vendent dans le commerce 1 fr. 50 en moyenne la pièce.

Le roseau se rencontre sur les bords des fossés et des routes, mais de préférence aux endroits humides. Il se vend en gerbes de 1 franc ; et l'on estime qu'il faut deux de ces gerbes pour établir un mètre d'abri.

Les roseaux-cannes, plus gros et plus longs que les roseaux communs, et que l'on emploie pour maintenir ces derniers, se vendent par fagots de cinquante au prix moyen de 5 francs. Ces cannes mesurent 4 mètres environ. Il en faut au moins quatorze du haut en bas de l'abri pour former des lignes horizontales assez rigides. Les abris ainsi formés peuvent durer deux ans environ ; leur prix de revient, main-d'œuvre et fil de fer compris, est de 5 francs le mètre courant environ.

2° ALLÉES DE CYPRÈS

Le cyprès que l'on emploie d'ordinaire est le cyprès commun (*cupressus sempervirens*) ou cyprès d'Italie. Cet arbre peut atteindre 15 mètres de haut sur 1 mètre de circonférence. Sa tige droite, élancée, cannelée, est garnie à partir d'environ 2 mètres du sol, de branches nombreuses, serrées et redressées, qui forment une cime étroite, allongée, pointue. Les cyprès aiment les sols légers, sablonneux, mais ne viennent pas dans les terrains argileux ou humides.

Dans la plaine de Châteaurenard, ils poussent généralement bien.

Les cyprès sont achetés ordinairement à un an chez des pépiniéristes, pour être plantés au mois de janvier. Les racines devront être entourées d'une motte de terre que le pépiniériste aura laissée à l'arrachage.

Sur la ligne où l'on doit planter les cyprès et à une distance minima de 2 mètres des champs voisins, on creuse des trous de 25 centimètres carrés de surface sur 30 centimètres de profondeur, espacés entre eux de 0^m50 à 0^m60. Au fond de ces trous, après avoir arrosé abondamment, on dispose un peu de fumier, puis on met l'arbre en place. On comble ensuite la fosse et l'on tasse fortement avec le pied, en ayant soin de bien aligner tous les arbres.

En mars ou en avril, on trace, au pied des cyprès, une petite raie dans laquelle on met de l'engrais, principalement des engrais ammoniacaux, et l'on arrose.

A cinq ou six ans, l'action protectrice des cyprès commence à se faire sentir. Leur hauteur est alors de 3 à 4 mètres de haut. Pour développer les branches latérales, les seules protectrices, puisqu'elles s'étendent perpendiculaires à la direction du vent, on taille les branches s'étendant du côté du champ à protéger.

La durée de ces abris et pour ainsi dire illimitée.

Mais ils présentent cependant quelques inconvénients, légers d'ailleurs. En effet, étant dirigés de l'est à l'ouest, ils forment ombre sur la propriété voisine et ralentissent la végétation ; mais chaque propriétaire agissant de la même façon sur ses voisins, accepte facilement ces inconvénients.

De plus, les cyprès absorbent une assez forte quantité d'humidité et de principes nutritifs contenus dans le sol, de sorte qu'on ne plante généralement rien à un mètre devant les allées protectrices. On utilise l'espace inoccupé de part et d'autre pour les rigoles d'irrigation.

On remplace quelquefois les cyprès par des allées de thuyas. Mais ce genre de conifère venant à une moins grande hauteur que les cyprès ne donne pas une protection aussi efficace et n'est employé que pour protéger de toutes petites bandes de terrain.

V. — Instruments de culture

En général, le matériel de culture est réduit et très simple. Il se compose principalement d'outils à main ou d'appareils légers pouvant être traînés par un seul cheval. Les outils les plus employés sont :

L'eyssade, sorte de binette à lame tranchante assez large (0m15 à 0m20), servant à toutes sortes de travaux : sarclages, binages, ouverture ou fermeture des ruisseaux lorsqu'on arrose un champ ligne par ligne.

La petite bêche, pour la plantation des choux, mesurant environ 0m75 de longueur totale.

Les divers outils employés dans le jardinage, comme cordeau, fourches, etc...

Le rayonneur, constitué par deux tiges de fer munies à leur extrémité d'un index appuyant sur le sol, et servant à marquer l'emplacement des lignes voisines de celle tracée par le centre de l'instrument. On peut varier la distance des lignes en faisant coulisser plus ou moins les deux tiges de fer l'une sur l'autre.

Les principaux appareils à cheval employés sont :

La charrue à mancherons, ne comprenant la plupart du temps qu'un seul soc. Le brabant est encore complètement ignoré. D'ailleurs, les pièces de terre étant de petite surface, le brabant ne présenterait sur l'araire que peu d'avantages.

Le « planet », servant à creuser de légers sillons pour effectuer les semis en lignes (haricots principalement). Cet appareil est à combinaisons multiples. On peut y adapter soit le soc de charrue, soit la chausseuse ou butteuse (deux socs en V), les sarclettes et les binettes.

La planche, composée de deux battants réunis par des charnières ; cet appareil sert à tasser la terre des deux côtés des sillons. Le conducteur doit monter dessus en posant un pied sur chaque battant, les charnières se trouvant au fond du sillon et les battants appuyant des deux côtés du sillon. Il faut au conducteur une certaine habitude pour tenir l'équilibre tout en conduisant le cheval.

Les rouleaux, la plupart du temps constitués par un cylindre de pierre ou même de bois. On commence cependant à voir apparaître quelques rouleaux en acier, de petites dimensions.

Tous les autres appareils, herses, canadiens, griffons articulés, sont du type classique, et ne présentent aucune particularité digne de remarque.

Le mode de traction uniquement employé est le cheval. Quelques essais de tracteur n'ont pas donné de bons résultats, les tournées étant trop fréquentes et les pièces trop petites.

Les véhicules à peu près uniquement employés sont les charrettes à deux roues munies de brancards. Ces charrettes sont assez longues et servent principalement au transport des récoltes sur le marché de Châteaurenard. On peut tout aussi bien mettre dessus des paniers, des sacs, des fourrages, ou encore des choux en vrac.

Le camion automobile et la camionnette paraissent tenter en ce moment beaucoup de cultivateurs, mais peu ont essayé ce mode de transport. Les déplacements se feraient évidemment beaucoup plus vite, ce qui est à considérer, surtout pendant les nuits froides d'hiver, lorsqu'il faut aller au marché, mais, d'autre part, la camionnette demande un entretien assez difficile et coûteux, auquel peu d'agriculteurs veulent se résoudre.

C. — **Conditions économiques**

1. — **Les habitants**

On dit souvent que le Provençal, surtout le Provençal de la plaine, est un pur latin. C'est une erreur. Etant donné que la vallée du Rhône est le couloir par où sont passés les peuples du Midi (Grecs, Romains, Carthaginois d'Annibal...) pour remonter vers le Nord, et par lequel les peuples du Nord (Ostrogoths, Visigoths, Vandales, Burgondes, Huns...) se sont rués vers le Midi, chacun de ces peuples y a laissé de ses descendants, et le Provençal est un composé de toutes ces races : de chacune, il conserve un caractère.

Du Gaulois, habitant jadis le pays, nous ne savons que peu de choses, sinon que le roi Nann donna sa fille Gyptis en mariage au marchand grec Euxène, qui fonda Massilia.

Du Grec venu pour coloniser Marseille et ses environs à la suite d'Euxène, le Provençal a gardé le goût des beaux spectacles de la nature (on le voit fréquemment s'extasier devant un beau coucher de soleil), des belles choses, des couleurs vives, des phrases sonores et de la plaisanterie (galéjade).

Du Romain, il a conservé la vivacité de l'allure et de l'esprit, l'impressionnabilité, la promptitude à passer d'un sentiment à un autre, le goût des spectacles brutaux (courses de taureaux) et des jeux bruyants (la farandole).

Au Maure, qui est venu s'établir chez lui après sa défaite de Poitiers et qui, pendant des siècles, a ravagé les côtes de Provence, pour le pillage et la chasse aux esclaves, il a emprunté l'esprit hospitalier, un peu de fatalisme, un vrai talent de conteur, le plaisir du « farniente », la sobriété, l'amour du soleil et un certain mépris de la femme : en effet, dans beaucoup de familles provençales, la femme ne s'assied pas à table en présence d'étrangers par respect pour son mari : elle le sert debout.

En somme, si le Provençal, plutôt petit que grand, très brun, d'allures vives, n'a pas de caractères physiques bien définis, il se distingue au moral par sa gaieté, sa faconde, sa vivacité d'esprit, sa sociabilité (un Provençal ne saurait vivre seul), Entre les habitants, les relations sont empreintes de beaucoup de cordialité, surtout entre adeptes d'une même religion ou d'un même parti politique. Le Provençal éprouve un véritable plaisir à être agréable et à rendre service.

Le Provençal est superstitieux plutôt que religieux. Il a en grande vénération la « Bonne Mère » de sa paroisse, mais il ne se gêne pas pour déblatérer vivement contre la « Bonne Mère » de la paroisse voisine.

Il aime les pompes de l'Eglise, et souvent fait partie d'une confrérie de pénitents, simplement pour avoir le plaisir de revêtir la cagoule et de jouer un rôle dans les manifestations extérieures du culte.

La religion dominante est la religion catholique, qui convient le mieux à son tempérament imaginatif et poétique.

Les légendes provençales, recueillies par Mistral, Roumanille, Jean Aicard, Alphonse Daudet, sont toutes empreintes d'imagination féconde, de brillantes couleurs, de fine ironie et de saine morale (les trois Saintes, la Vierge noire, la Chèvre aux pieds d'or, Mireille, etc...).

La Provence est un des rares pays de France, où il n'y ait pas de pauvres, de gens qui n'aient plus de quoi manger. La sobriété y est si grande et les besoins si réduits ! Un oignon au sel, une « frottée » d'ail, une « pomme d'amour » (tomate) à l'huile, un « bouillon » de poireaux constituent des mets suffisants dans ce pays de soleil. Et les frais de costumes n'y sont pas grands pour qui ne veut pas se « faire voir ».

Il n'y a pas, sauf rares exceptions, d'ivrognes dans la campagne de Provence, et encore moins d'alcooliques. Si l'on y boit du vin, l'on n'en abuse jamais. L'alcool, sous la forme d'eau de mélisse, d'eau de noix, etc..., n'y est considéré que comme remède contre les « maux de ventre » et les « chauds et froids ».

Le Provençal fait volontiers de la politique qui lui permet d'exercer sa verve et son humeur batailleuse. Pendant longtemps, le Provençal de la plaine a manifesté des sentiments royalistes (retour de Napoléon par les Alpes par crainte des monarchistes de Provence, Terreur blanche). Aujourd'hui, il est bien difficile de le classer dans un parti politique déterminé. Chez lui, en politique comme ailleurs, c'est la « galéjade » qui domine.

Le costume des femmes d'Arles, qui était porté dans toute la plaine, est trop connu pour qu'il soit utile de le décrire. Très seyant, il convenait admirablement au caractère physique des femmes de la Basse-Provence. Malheureusement, il disparaît de plus en plus, devant les « modes de Paris ».

Fort heureusement, le Provençal conserve sa langue poétique, sonore, imagée, mélange de latin, de grec et d'arabe, qui a été rénovée et fixée par le grand poète Mistral, qui naquit et vécut à Maillane, au centre même de la plaine de Châteaurenard.

II. — La main-d'œuvre

Les exploitations de la plaine de Châteaurenard sont, en général, de petite importance ; et la main-d'œuvre qu'elles demandent est fournie par les membres d'une même famille. Le père, aidé d'un ou de deux fils, suffisent ordinairement au travail, tandis que la mère, restée au « mas », prépare les repas et prend soin des tout-petits.

Ce n'est qu'au moment de presse que la femme prête son aide pour certains travaux longs et minutieux, comme la cueillette des haricots, la vendange, etc...

Le rendement, dans ces conditions, est excellent;

chacun travaillant pour son compte, cherche à produire le maximum.

Cependant les exploitations s'agrandissent, le père devient vieux ; il faut alors recourir à la main-d'œuvre étrangère à la famille. Comme partout ailleurs, cette main-d'œuvre est rare, difficile à trouver, exigeante, d'autant plus que les travaux de la culture maraichère sont souvent très pénibles lorsque le soleil darde ses rayons ardents sur les nuques et que tout souffle d'air est arrêté par les rideaux de cyprès.

Les ouvriers sont payés au mois. Nourris et logés la plupart du temps, ils reçoivent 250 à 300 francs par mois. Pour certaines récoltes pénibles : haricots, chardons, etc., on emploie les journaliers et surtout les femmes, qui demandent au moins 20 francs par jour pour ces travaux. Pour les vendanges, le prix moyen est de 16 francs par jour.

Le prix moyen des hommes employés à la journée pour travaux courants est de 20 francs.

Il est bien rare de rencontrer une exploitation employant toute l'année plus de trois ouvriers, non compris les membres de la famille. D'autre part, les cultivateurs étant en général assez unis entre eux, s'entr'aident pour certains travaux exigeant un surcroît de personnel. Ce n'est que lorsque tous ces travaux coïncident chez les uns et les autres que les cultivateurs ont recours aux journaliers.

III. — Voies de communication

La plaine de Châteaurenard est bien desservie par un réseau routier complet et, en général, en bon état. Tous les petits pays sont reliés entre eux par de bons chemins carrossables, et les communications sont à ce point de vue très faciles.

Les principales routes traversant la plaine sont :

Un chemin de grande communication reliant la route départementale de Tarascon à Avignon (par Graveson, Châteaurenard) à la route nationale n° 7 d'Avignon à Marseille ;

Un autre chemin de grande communication, partant de la route départementale de Tarascon à Avignon, près du pont de Rognonas (pont reliant Châteaurenard à Avignon), et se dirigeant sur Saint-Rémy par Eyragues. A Saint-Rémy, ce chemin aboutit à la route départementale de Tarascon au Plan-d'Orgon.

De plus, de Châteaurenard partent de nombreux chemins d'intérêt local, qui permettent toutes les nuits aux nombreuses voitures des cultivateurs de parvenir rapidement au marché sans encombrement ni accident.

Quant aux voies ferrées, Châteaurenard n'est desservi que par la ligne départementale des Bouches-du-Rhône allant de Barbentane à Orgon, et passant successivement à Rognonas, Châteaurenard, Noves, Cabannes, Saint-Andiol et Orgon.

A Barbentane passe la grande ligne du P.-L.-M. (Paris-Marseille) et à Orgon passe une ligne secondaire de ce même réseau reliant Miramas à Cavaillon par Salon.

Enfin, une ligne du réseau des Bouches-du-Rhône relie Tarascon à Orgon par Saint-Rémy, mais cette ligne n'a qu'un trafic réduit et ne sert presque exclusivement qu'au transport des voyageurs.

Actuellement, il y a un projet à l'étude, en vue de créer une voie directe Avignon-Nice. Cette ligne passera-t-elle par Cavaillon, Pertuis, Brignoles, ou bien par Châteaurenard, Salon, Aix ? La question n'a pas été encore résolue, mais il est évident que le passage d'une ligne du réseau P.-L.-M. à Châteaurenard ne pourrait qu'accroître la prospérité de la région. En effet, bien que les relations entre les compganies P.-L.-M. et des B.-D.-R. soient très intimes, que les formalités : papiers, transbordements, entre les deux réseaux, aient été réduites au minimum, comme nous le verrons plus loin, les expéditions souffrent du changement de réseau, les frais en sont légèrement augmentés et, enfin, les pertes, les accidents, s'accroissent dans de fortes proportions.

La compagnie P.-L.-M. a bien essayé de racheter ce tronçon de ligne au réseau des B.-D.-R., mais ce dernier s'y est refusé, car ce sont les 9 ou 10 kilomètres de ligne qui séparent Châteaurenard de Barbentane qui sont pour lui la source de ses plus gros profits.

Espérons donc que pour améliorer encore l'avenir de cette belle région, la compagnie P.-L.-M. trouvera son avantage à faire passer la ligne d'Avignon à Nice par Châteaurenard et que, bientôt, les communications par fer de cette ville se trouveront simplifiées et améliorées.

Deuxième Partie

LA CULTURE

I. — Historique

La culture de la plaine de Châteaurenard se compose presque exclusivement des primeurs de toutes sortes, principalement aux environs immédiats de Châteaurenard, où toute autre culture (céréales ou prairies) est pour ainsi dire inexistante.

En descendant sur Maillane, Graveson, etc..., la culture devient mixte : on y trouve en premier lieu les primeurs, mais aussi les graines, que nous étudierons spécialement, car elles sont une grande ressource pour le pays. On y trouve également un peu de céréales et de prairies.

Enfin, si l'on descend encore plus bas, jusqu'à Saint-Rémy, l'on ne rencontre plus que la culture des graines potagères, et aussi un peu de graines de fleurs, mais ces dernières en petite quantité, et tout à fait sur les limites de la plaine. Cette culture étant d'importance très minime, nous ne nous en occuperons pas ici.

Cette région ne s'est adonnée ainsi tout particulièrement à la culture des primeurs, que depuis très peu de temps.

Il y a encore cinquante ans, la vie agricole de cette région était tout autre qu'elle n'est maintenant. L'élevage s'y pratiquait sur une grande échelle, et telle était l'abondance des moissons, que les habitants des montagnes cévenolles descendaient en grand nombre pour aider au travail. L'élevage du ver à soie était prospère, et la garance était une culture principale alors.

Trois fléaux, qui se sont abattus en moins de vingt ans sur cette région, en ont changé la vie et jusqu'à l'aspect extérieur des terres : la garance était tuée en 1871 et 1880 par la découverte des couleurs tirées de la houille ; les vers à soie étaient décimés par des maladies dont le remède ne devait être trouvé que plus tard par Pasteur ; enfin, la vigne, à son tour, était atteinte par le phylloxéra.

C'est alors que des hommes énergiques tentèrent, malgré tout, de sauver leur pays ; et si l'on voit aujourd'hui ces terres si riches et si prospères, que l'on ne croie pas que le mérite en revienne à la nature seule. Entre autres, nous pouvons citer le Dr Mascle, alors maire de Châteaurenard, et dont la statue s'érige en cette ville sur la place de la Mairie. C'est lui qui, par son travail, et de ses propres deniers, a créé le marché de Châteaurenard, dont ont découlé par la suite les cultures actuelles.

Sans doute, cette terre jouit d'un soleil magnifique, mais alors deux difficultés énormes étaient à vaincre : manque d'eau et vent dévastateur, le mistral.

Ces deux difficultés ont été également résolues par les canaux d'irrigation et par les allées de cyprès protectrices.

Et, aujourd'hui, les agriculteurs profitent justement du travail de leurs pères, auxquels il est loyal de rendre hommage.

Toute la région d'Avignon, Carpentras, etc..., s'est ainsi spécialisée dans la culture des primeurs; cependant il est à remarquer que chaque pays a sa spécialité: ainsi Avignon produit surtout les fraises et les produits maraîchers ; Cavaillon, le melon, l'asperge, le raisin de table, etc...

Les environs de Châteaurenard produisent tous les légumes maraîchers, et principalement les légumes d'hiver : choux-fleurs et salades. Les fruits sont moins cultivés, sans être cependant abandonnés. Ainsi, la gare seule de Châteaurenard a expédié, en 1923 :

4.000 tonnes de fruits,
42.000 tonnes de légumes,

ce qui fait de Châteaurenard la première gare de France après Bercy, au point de vue tonnage G. V.

Nous nous proposons d'étudier ici les principaux légumes produits chaque année par les environs de Châteaurenard, quelques fruits également, puis, en dehors de ces deux catégories, une culture toute spéciale, qui est peut être seulement connue dans cette région et qui, pour cette raison, mérite quelques lignes à cette place : la culture du cardère à foulon.

Nous jetterons ensuite un coup d'œil sur les principales cultures de graines pratiquées près de Maillane et de Saint-Rémy.

Enfin, nous verrons comment tous ces produits, principalement les primeurs, sont vendus sur le marché de Châteaurenard, puis expédiés soit dans le reste de la France, soit à l'étranger.

II. — **Assolement**

L'assolement consiste en l'alternance méthodique des cultures sur une parcelle de terrain donné. Il est beaucoup plus observé en grande culture qu'en jardinage. Cependant, quoiqu'il n'y ait pas de règle fixe établie à ce sujet, le producteur suit quelques principes élémentaires, très suffisants d'ailleurs, grâce à l'abondance des fumures et à la rapidité de la succession des cultures sur une même parcelle.

Ainsi le producteur cherche à faire succéder des légumes appartenant à des familles différentes et ayant un mode de végétation différent. Et même, selon les besoins, le producteur s'écarte de ce principe.

La règle la plus suivie est celle-ci : ne pas faire succéder plus de deux fois, au maximum, la même plante sur la même parcelle de terrain.

Cette règle est largement suffisante, vu la richesse du terrain, et, redisons-le, l'abondance constante des fumures.

L'assolement est donc ici d'importance très minime, et le cultivateur ne s'y arrête pas outre mesure, se fiant à son bon sens pour ne pas appauvrir inutilement ses terres.

III. — Légumes

1° Les choux-fleurs

Le chou-fleur est, sans contredit, la plus importante des cultures dans la plaine de Châteaurenard; c'est celle également qui tient le marché pendant le plus long laps de temps, grâce aux nombreuses variétés cultivées, dont les récoltes s'échelonnent depuis le mois d'octobre jusqu'au mois de mai.

VARIÉTÉS

Grand nombre de ces variétés sont désignées dans le pays sous des noms spéciaux, que l'on chercherait vainement dans les catalogues, même les plus complets, des marchands grainetiers de Paris, car elles ont été obtenues dans la région même par sélection dans le but de posséder une gamme étendue de types dont la maturité se succède régulièrement et sans interruption.

En premier lieu, citons le chou-fleur « Maltais », le plus hâtif, que l'on récolte dès le mois d'octobre.

Viennent ensuite, les choux-fleurs de « Toussaint à Noël » (appelés « Floris » dans le pays). Comme leur nom l'indique, ils forment leur pomme en novembre-décembre.

Suivent les « Seconds » (Brocolis de janvier), puis la famille des « Pascalins » ou cheux-fleurs de Pâques, comprenant trois sous-variétés :

1° « Aramons », qui se récoltent en février ;

2° « Pascalins », de mars-avril ;

3° « Choux-fleurs de mai », dits « tardifs » et « extra-tardifs ».

Une variété réunissant d'ailleurs assez improprement sous le même nom (Choux-fleurs d'Angers) au moins trois types, permet de prolonger encore la récolte plus loin, jusqu'à fin mai. On y distingue, par ordre de maturité, le « hâtif d'Angers », le « Chou-fleur de Saint-Laud », enfin l' « extra-tardif d'Angers ».

Ces divers types présentent généralement de très belles pommes, mais ont aussi le défaut assez sérieux, d'avoir le pied trop long. Ils ont besoin d'être sévèrement sélectionnés à ce propos, pour être tout à fait adaptés aux conditions de cultures de la région.

SEMIS

Les semis ont lieu vers le 15 juin pour le « Maltais », et s'échelonnent jusqu'aux premiers jours de juillet, pour les autres variétés, dans l'ordre de leur récolte.

Les semis doivent être faits en pépinière ; on établit des bandes de terre d'un mètre de largeur environ, dont la longueur varie suivant la quantité de plants désirés. (Un mètre carré peut rendre 80 pieds environ, si le semis a été bien réussi.)

Sur chaque côté de la bande, on établit une butte de 10 centimètres de haut environ, par un va-et-vient de la charrue, après que le terrain ait été bien ameubli, on herse légèrement, puis on arrose.

Lorsque l'eau s'est bien infiltrée dans le sol, on sème à la volée environ 30 grammes de graines pour une surface de 50 mètres carrés. Puis on recouvre d'une faible couche de terre préalablement tamisée ou, mieux encore, de terreau.

La levée a lieu au bout de cinq jours. S'il se produit de la pluie entre temps, la levée est très fortement compromise.

Dix jours après la levée, on répand du tourteau léger à action rapide ; palmiste, colza, ricin ou coprah. Ensuite, et suivant les besoins de la plante, on arrose copieusement.

Certaines années, 1925 par exemple, les semis ont été envahis par des chenilles noires qui ont détruit la moitié des plants, parfois plus. Aucun des insecticides employés généralement contre la pieride du chou n'en est venu à bout. Seul l'échenillage à la main a donné de bons résultats.

PLANTATION

On plante le « Maltais » vers le 15 juillet, les autres variétés, dans l'ordre, et jusque vers le 15 août. Le terrain doit être bien ameubli et fumé si possible au fumier de ferme. Le fumier étant enterré, on herse, on roule, puis on nivelle le terrain.

On trace alors des rayons parallèles dans le sens est-ouest, espacés de un mètre. A l'emplacement des rayons, on ouvre un sillon à la chausseuse de 15 à 18 centimètres de profondeur. Une planche spéciale composée de deux battants réunis par des charnières est ensuite passée dans le sillon pour lui donner une forme de V. Le conducteur de la bête se maintient en équilibre, un pied sur chaque battant de la planche, de manière à bien tasser la terre. On trace alors un ruisseau d'arrosage perpendiculairement au sillon.

Le repiquage a toujours lieu le soir, habituellement à partir de 5 heures, lorsque la grosse chaleur est passée.

On plante dans le sillon côté midi, de manière que les racines soient abritées du soleil, très ardent en cette saison. Les plants sont espacés de 75 centimètres les uns des autres, et sont environ à 5 centimètres du fond du sillon. Les plants étant disposés préalablement à leur place respective, et à la distance voulue, le planteur, marchant dans le sillon, du levant au couchant, les prend avec la main gauche ; de la main droite, il tient une petite bêche, d'environ 75 centimètres de longueur totale, qu'il enfonce perpendiculaire au sillon. Il entrouvre un peu l'entaille, dans laquelle il place le plant et tasse la terre avec son pied en refermant l'entaille. Un bon planteur plante ainsi 1.000 pieds à l'heure.

Au fur et à mesure que la plantation s'avance, il est indispensable d'arroser pour faciliter la reprise. Tous les deux jours, on répète cet arrosage. La reprise doit être opérée au bout de huit jours. On procède alors au remplacement des manquants, puis on fume dans le sillon avec tourteau à effet rapide, colza vert pour les « Maltais », par exemple, et avec des tourteaux plus résistants et à action plus lente pour les autres variétés (colza sulfuré, tourteau d'arachide sulfuré...).

On enterre la fumure par un léger buttage et on laisse entre chaque ligne un petit sillon pour arroser. Un binage élimine les mauvaises herbes.

Il n'y a plus qu'à maintenir les arrosages de temps à autre jusqu'à l'hiver.

Si des rejetons apparaissent, qui épuisent la plante au détriment de la pomme, il faut les supprimer.

RÉCOLTE

Au moment de la récolte, les pommes grossissent extrêmement vite ; il faut donc tenir les champs surveillés pour récolter, surtout par temps doux et pluvieux.

Le rendement est très variable au point de vue pécunier. On estime qu'un chou-fleur doit être vendu un franc en moyenne pour procurer un bénéfice raisonnable.

FUMURE

Le chou-fleur est une plante excessivement exigeante et les copieuses fumures au fumier et au tourteau qu'on lui fournit sont souvent insuffisantes et incomplètes, car il faut tenir compte que le chou-fleur poussant à un moment où il fait froid, les bactéries du sol sont souvent paralysées dans leur travail de transformation des éléments insolubles.

De plus, le chou-fleur est particulièrement avide de potasse.

En effet, le chou-fleur exporte en moyenne par hectare :

Azote	350 kgs
Acide phosphorique........	110 »
Potasse	440 »

Le tiers de ces quantités est absorbé pendant le dernier mois, au moment de la formation de la pomme. C'est à ce moment qu'il faut fournir au chou-fleur des quantités suffisantes de fumure soluble, dont dépendra somme toute le rendement.

Les fumures minérales sont généralement peu employées dans la région. Il serait cependant avantageux, semble-t-il, de n'employer qu'une demi-fumure organique, complétée, par exemple, comme suit :

a) Au labour avant plantation :

Potasse (chlorure ou sulfate).........	300 à 400 »
Super	600 à 1.000 kgs

b) Après repiquage à la reprise :

Nitrate de soude....................	200 à 300 kgs

c) Avant la formation de la pomme :

Sulfate de potasse..................	200 kgs
Nitrate de soude....................	600 à 800 »

Ces formules sont employées par certains maraîchers de Vaucluse, mais malheureusement peu connues encore dans la plaine de Châteaurenard.

2° Les choux verts (choux pommés)

Les choux verts sont beaucoup moins cultivés que les choux-fleurs. Les principales variétés cultivées sont les variétés printanières.

Tous les travaux effectués sont les mêmes que pour les choux-fleurs. Seules, les époques des travaux et des plantations diffèrent.

Les semis se font au mois de septembre et le repiquage a lieu vers le 15 octobre. Les raies sont espacées de 60 centimètres environ et les plants de 25 centimètres.

Les principales variétés cultivées sont : le « Chou d'York » dit chou « Pointu » et le chou « Cœur de bœuf ».

La récolte de ces variétés a lieu en mars-avril.

3° Salades

Les principales variétés de salades cultivées sont : les laitues et les chicorées frisées et chicorées scaroles.

a) *Laitues*

Les semis se font en pépinière bien meuble. La pépinière est divisée en carrés entourés chacun de rigoles permettant l'arrosage, point toujours très important pour la reprise.

On replante en terre très souple, à une distance de 25 centimètres pour les plants et de 60 à 70 centimètres pour les raies.

Mais, à l'inverse des choux que l'on plante sur le côté midi du sillon, on plante les laitues sur le côté nord, de manière à ce que les rayons du soleil les frappent continuellement.

Comme engrais, la plupart des agriculteurs emploient le tourteau, puis ensuite de l'ammoniaque, pour activer la végétation.

La récolte se fait en même temps que celle des choux.

Le prix moyen de vente en 1925 a été, au marché de Châteaurenard, de 7 fr. à 7 fr. 50 la douzaine.

b) *Chicorées frisées et Scaroles*

Le mode de culture de ces salades diffère de celui des laitues.

En effet, on sème la graine de chicorée, à « trace » (suivant une expression du pays), c'est-à-dire sur place, dans des raies distantes de 60 à 70 centimètres, du côté nord également.

Ce semis est effectué vers le mois d'août.

Dans la suite, on arrose, puis on éclaircit en ne laissant qu'un plant tous les 25 ou 30 centimètres.

La récolte se fait en même temps que celle des choux.

4° **Pommes de terre**

SEMENCE

Les variétés de pommes de terre cultivées sont les suivantes :

Esterlingen précoce à chair jaune, rendant de six à sept fois la semence ;

Jaune ordinaire de Hollande (même rendement) ;

Royal Kidney, à chair blanche (sept à huit fois la semence) ;

Royal Kidney, à chair jaune (huit à dix fois la semence).

La semence est achetée, la plupart du temps, dans le Nord de la France ou en Hollande.

Dans le Nord de la France, son prix est de 70 à 75 francs les 100 kgs. En Hollande, elle vaut de 100 à 150 francs.

La semence n'est jamais prise sur la récolte de l'année précédente, car la pomme de terre dégénère rapidement.

Au mois d'octobre ou de novembre, la pomme de terre de semence est disposée sur des clayettes, dans un local bien exposé aux rayons du soleil, de manière à activer la germination. Le jour, lorsqu'il fait chaud, on ouvrira ce local, qui pourra être muni, par exemple, de grandes portes à deux battants. Il est avantageux de vitrer le haut de ces portes pour que la lumière puisse quand même entrer lorsqu'il fait trop froid pour ouvrir.

Pendant les nuits froides, on maintiendra une chaleur douce dans le local, à l'aide, par exemple, d'un poêle à sciure de bois.

Grâce à toutes ces précautions, on obtiendra de bonne heure un germe trapu, composé de toutes petites feuilles vertes, et non pas un germe long, blanc et atrophié.

PLANTATION

On plante les pommes de terre germées au début de janvier, de préférence près des abris, bien exposées au soleil. Il faut prendre soin de placer le germe en-dessus et sans le briser.

La quantité de pommes de terre ainsi plantées est de 250 à 300 kgs à l'éminée (soit 2.850 à 3.420 kgs à l'hectare), suivant la grosseur de la semence. Il est à noter que c'est la semence de grosseur moyenne qui donne les meilleurs résultats.

Les raies doivent être espacées de 70 centimètres environ et les plants de 25 à 30.

Lorsque la plante sort de terre, on la butte, et on l'arrose si le temps est au sec.

ENGRAIS

Au premier labour, en décembre, on fume moyennement la terre destinée à recevoir les pommes de terre, au fumier de ferme, et l'on ajoute environ 2.300 kgs de tourteau à l'hectare.

Puis, à la plantation, on ajoute à l'hectare :

Chlorure de potassium.	350 à 450 kgs
Sulfate de fer........	570 »
Super	680 »
Sulfate d'ammoniaque	110 »

Le sulfate de fer a pour but de rendre les feuilles vertes. L'ammoniaque n'est que peu employé parce qu'il développe surtout les feuilles et que l'on tend ici à obtenir un tubercule. C'est d'ailleurs pour cette raison que l'on emploie une quantité relativement importante de potasse.

RÉCOLTE

Dès le début de mai, on peut commencer à récolter, si la température s'y prête.

La pomme de terre de primeur étant la plus intéressante à récolter, on cherchera donc à obtenir le plus grand rendement, le plus tôt possible (d'où germination préalable que nous avons vue tout à l'heure).

Mais, par la suite, on arrachera les pommes de terre suivant les prix auxquels elles sont demandées sur le marché. Plus on attend, plus les prix baissent, mais, par contre, la pomme de terre grossit et prend davantage de poids, ne disons pas de valeur, car les différences de prix, du jour au lendemain, sont parfois considérables : on a enregistré des baisses de 40 à 50 francs par 100 kgs d'un jour à l'autre. En moyenne, on estime qu'un kilo de pommes de terre doit être vendu 1 franc pour rapporter un bénéfice raisonnable.

MALADIES

La rouille est une maladie très grave. De loin, les plantes paraissent grillées, elles sont desséchées et recroquevillées. Heureusement, cette maladie est rare, mais à cause de cela même, quand elle se produit, la plupart des agriculteurs ne connaissent aucun moyen de lutter contre elle (bouille bordelaise).

La gangrène humide de la pomme de terre causée par le *bacillus amylobacter* est heureusement encore moins connue.

Enfin, le mildiou, très commun en années humides, est causé par le *phytophthora infestans*. On préconise, contre cette maladie, la pulvérisation avant le buttage, avec une bouillie bordelaise à la dose de 1 %.

Comme insectes nuisibles, citons le ver blanc et la courtillère, qui causent parfois des ravages assez considérables.

FANES

Les fanes abandonnées dans les champs sont réunies en tas, puis brûlées, ce qui est une bonne précaution dans le cas où celles-ci seraient atteintes de maladies cryptogamiques.

5° Tomates

On cultive, dans la plaine de Châteaurenard, les deux variétés de tomates : les plates et les rondes.

Une grosse différence existe dans la culture respective de ces deux variétés. En effet, les tomates plates sont cultivées sous châssis, tandis que les rondes ne le sont qu'en pépinière, puis, naturellement, en pleine terre, point commun aux deux variétés.

a) *Tomates plates*

GRAINES

La graine est prélevée sur la récolte de l'année précédente. Pour cela, on choisit les plus belles tomates, ne présentant aucun défaut. On élimine à la main la plus grande quantité de chair, puis on plonge les graines dans une jarre pleine d'eau.

Au bout de deux ou trois jours, il se produit une fermentation qui détruit ce qui restait de chair collée à la graine. Il suffit ensuite de tamiser pour obtenir une graine propre que l'on n'a plus qu'à faire sécher à une chaleur douce.

GERMINATION

Pour faire germer les graines, avant de les placer sous châssis, on les dispose dans du terreau (pris par exemple au pied des saules), dont on a rempli un seau.

On arrose légèrement et l'on place le seau derrière un feu doux, dans la cuisine, généralement.

Quand les graines commencent à germer, on les retire. Elles sont alors prêtes à être semées sous châssis.

Pour faire germer les graines, on peut également les mettre dans du fumier, mais la chaleur est plus incertaine que celle d'une cuisine.

PRÉPARATION DE COUCHES

Le terrain sur lequel on doit établir les couches est labouré ; puis on plante sur une même ligne des piquets de 80 centimètres de haut, ne dépassant le sol que de 50 centimètres. Ces piquets sont destinés à soutenir la cloison qui formera la paroi arrière des couches.

Sur une surface d'environ un mètre devant ces piquets, on abaisse le sol de quelques centimètres. On répand du tourteau de ricin à raison de 3 kgs par cadre, et l'on arrose abondamment. Lorsque l'eau est bien infiltrée, on répand une hauteur de un centimètre ou deux de terre fine, bien criblée, et l'on trace avec un râteau spécial, dont les dents sont espacées de 12 centimètres, un carrelage régulier.

A chaque intersection des lignes formant le carrelage, on dispose quatre à cinq graines, que l'on recouvre d'une très petite couche de terre légère.

L'on place ensuite les cadres. Pour cela, on dispose d'abord le long des piquets, des planches d'une longueur moyenne de 4 mètres, s'emboîtant les unes dans les autres pour ne laisser aucun interstice à l'entrée de l'air. La hauteur de ces planches est un peu supérieure à celle des piquets apparents au-dessus du sol.

Sur le sommet de ces piquets, on place une autre planche horizontale, sur laquelle doit s'appuyer le châssis.

Le châssis mesure environ 140 sur 170 centimètres.

Il repose par conséquent d'un bout sur la planche fixée au sommet des piquets et de l'autre bout, sur une brique posée à même le sol.

On bouche toutes les fissures par lesquelles l'air pourrait s'introduire dans la couche à l'aide de petits monticules de terre.

Il va sans dire que les châssis doivent être bien exposés au soleil, et à l'abri du vent. Ne pas les mettre cependant trop près des allées de cyprès, car les galles de ces derniers, en tombant, pourraient briser les carreaux.

Certains agriculteurs conseillent de mouiller les graines avant de les mettre en couches, pour activer la croissance du germe. Mais ce moyen est dangereux, car s'il se produit un coup de feu dans la couche, les graines risquent d'être brûlées.

Par contre, les graines sèches peuvent être dévorées des rongeurs qui en sont très friands. Il faudra donc s'en protéger.

Il est aussi très important de se défendre des courtillères qui peuvent causer de grands ravages dans les couches.

Pour détruire la courtillère, il existe de nombreux moyens, entre autres celui-ci, particulier à un agriculteur des environs de Châteaurenard, et qui lui a donné de très bons résultats : aux endroits où l'on aperçoit une galerie de courtillère, on fait un petit trou dans lequel on jette quelques gouttes d'huile, puis de l'eau pour pousser l'huile dans la galerie.

Au bout d'un moment, la courtillère apparaît à l'orifice du trou, aveuglée et étouffée par l'huile. Il est alors facile de la détruire.

Ce moyen ne peut être évidemment employé que pour les couches, qui ne présentent qu'une surface réduite. En plein champ, il est tout à fait impraticable.

La graine de tomate, placée sous le châssis, lève au bout de huit jours environ. Il faut alors sarcler et ne laisser que deux plants, les plus beaux et les plus éloignés l'un de l'autre.

A partir de ce moment, l'on peut commencer à aérer très lentement et progressivement, tout en continuant à couvrir les châssis, la nuit, de paillassons.

Un moyen très pratique d'aérer progressivement

est d'employer une brique pour soulever le cadre. On peut placer celle-ci dans trois positions différentes : d'abord à plat, puis sur le champ et enfin debout.

PLANTATION

La plantation se fait du 20 avril au début de mai. On trace des sillons dans un champ bien abrité, à environ 85 ou 90 centimètres de distance, et l'on fume à peu près comme pour les choux-fleurs. On arrache les plants un à un avec la motte de terre entourant les racines et on les plante aussitôt à raison de trois au mètre, à mi-profondeur du sillon ; on comble le sillon, en en formant un autre à côté, qui servira pour l'arrosage.

On place un tuteur à côté de chaque pied, que l'on attache au-dessous du premier bouquet, puis l'on arrose.

Il faut environ vingt personnes pour planter 10.000 pieds en une seule journée.

Lorsque les pieds ont bien repris, on supprime à la plante tous les bourgeons qui se produisent à l'aisselle de chaque feuille, de façon à ne laisser monter le plant que sur une seule tige. (Il faut nettoyer ainsi les plantes chaque semaine, au moins une fois.)

Lorsque le deuxième bouquet s'est formé, on pince à quelques centimètres au-dessus, en ayant soin de laisser deux feuilles qui donneront un peu d'ombre aux fruits de ce dernier bouquet.

RÉCOLTE

La récolte a lieu dès le 15 juin. Comme pour toutes les autres primeurs, on aura avantage à récolter le plus tôt possible. Aussi ne doit-on rien épargner pour arriver à ce résultat.

Comme rendement pécunier moyen, il faut se contenter de 1 franc par pied environ.

b) *Tomates rondes*

Les tomates rondes sont semées en pépinière bien abritée, au mois de mars. Elles sont repiquées au mois de mai à raison de trois au mètre. Les raies sont espacées de un mètre environ. Pendant tout l'été, il faut arroser.

On palisse avec des piquets de 1^{m}50 environ et on laisse sept à huit bouquets, de manière à avoir des tomates tout l'été et jusqu'aux gelées.

Une éminée de tomates rondes peut rapporter 5.000 kgs de tomates (soit un rendement de 57,000 kgs à l'hectare), dont le prix s'échelonne entre 0 fr. 70 à 0 fr. 80 en moyenne sur toute l'année.

6° **Aubergines**

La culture de l'aubergine a beaucoup de similitude avec celle des tomates.

On sème, en effet, la graine sous châssis, de la même façon que les tomates, au début de février.

La meilleure terre à employer pour les couches est la vase des canaux d'irrigation, qui est très riche et qui tient bien aux racines lorsqu'on transplante les plants.

Généralement, on fait un petit repiquage sous châssis, dès qu'apparaissent les premières feuilles, de manière à obtenir des plants plus robustes ; on opère le repiquage en pleine terre fin avril, début de mai.

On espace les raies de 1m10 à 1m20. Les plants sont placés à une distance de 70 à 80 centimètres les uns des autres.

Il est nécessaire de bien fumer avec des engrais de ferme, et principalement avec des engrais azotés.

Arroser également copieusement.

La récolte a lieu vers la fin de juin et se poursuit jusqu'aux gelées.

Pour obtenir le maximum de rendement, il est bon de ne laisser que deux branches sur le même pied.

Le rendement peut être énorme, mais est excessivement variable. En général, on peut tirer jusqu'à 7 à 8.000 francs d'une éminée d'aubergines (soit 8 à 900 francs de l'are) en vendant celles-ci de 2 fr. 50 à 3 francs la douzaine.

Les deux variétés cultivées sont l'aubergine noire et l'aubergine violette.

7° Petits Pois

VARIÉTÉS

On cultive les pois à rames et les pois nains. Les principales variétés sont :

a) Pour les pois à rames :

Pois mange-tout à fleur violette,
» gourmand à fleur blanche,
» express,
» prince Albert,
» caractacus.

b) Pour les pois nains :

Pois petit provençal,
» serpette vert.

a) *Variétés à rames*

SEMIS

Les semis se font au mois de novembre, sur place, en lignes dirigées du nord au sud et espacées de 1m50. Ces lignes sont doubles. L'espacement des lignes jumelles est de 50 centimètres. De sorte que l'on a des espacements alternés de 1m50 et 0m50.

On fume légèrement en décembre, principalement avec du super.

Avant que les pois ne soient montés, on peut intercaler, entre les lignes jumelles, une raie de laitues.

TRAVAUX

On rame les pois au mois de février avec des branches ramifiées que l'on relie entre elles, par des fils de fer ; on place ces branches au milieu de l'intervalle de 0m50, de sorte qu'une ligne de rames sert à deux lignes de pois.

Il faut butter les pieds avant l'hiver, et arroser si le besoin s'en fait sentir.

RÉCOLTE

On récolte en plusieurs fois de la fin avril jusqu'au commencement de juin. La récolte totale de l'année peut donner de 800 à 1.000 kgs de pois à l'éminée, soit de 90 à 115 kgs à l'are.

Le kilogramme de pois s'est vendu, en 1925, sur une moyenne de 1 fr. 50.

b) *Variétés naines*

Les pois nains se sèment en lignes simples espacées de 0m60, dans le courant du mois de février.

Ils demandent à peu près la même fumure que le pois à rames.

Le rendement est un peu moindre que pour ce dernier, mais il demandent beaucoup moins de travail. Le rendement moyen n'est que de 7 à 800 kgs à l'éminée, soit de 80 à 90 kgs à l'are.

8° Artichauts

La culture de l'artichaut est peu répandue aux environs de Châteaurenard. Cette culture serait plutôt une spécialité de Cabannes.

Les variétés que l'on cultive sont l'artichaut « Violet de Provence » et le « Camus ».

On reproduit les artichauts avec les œilletons que l'on plante en pépinière. On ne laisse que deux tiges par plant.

On repique en juillet, à 1 mètre pour les pieds et à 1m50 pour les raies.

L'on fume au début de novembre. Cette plante est très exigeante en fumure azotée.

On récolte depuis la fin mars jusqu'au mois de juin.

9° Haricots

Seuls les haricots nains sont cultivés dans la plaine de Châteaurenard.

VARIÉTÉS

a) *Haricots verts*

1° Que l'on récolte en filets :

Précoce de l'hermitage,
Roi des Belges,
Haricots prodiges du Perreux,
Gloire de Deuil (dénommé haricot gris),
Métis,
Demi-long Shah de Perse.

2° Beurrés, que l'on récolte aussi en filets.

3° Mange-tout :

Phénix,
Barraquet (crochu à grain blanc),
Crochu à grain rouge (seul ce dernier est à demi-rame.

La variété Roi des Belges est une des meilleures, ainsi que le haricot Gloire de Deuil, mais ce dernier est moins précoce que le précédent.

Le haricot demi-long Shah de Perse est un haricot d'arrière-saison, qui permet de récolter jusqu'aux premières gelées.

b) *Haricots en grains*

Précoces blancs :

Nissard,
Michelet,
Cavaillonnais,
Coco-blanc.

Précoces rouges :

Coco-rouge.

CULTURE

Ces haricots se sèment du 20 mars aux premiers jours d'avril, en raies espacées de 65 à 70 centimètres et en poquets distants de 20 centimètres sur la ligne. On estime qu'il faut de 8 à 10 kgs de semence à l'éminée, soit 900 gr. à 1 kg. à l'are, dont le prix est de 5 à 6 francs le kg.

Le rayon dans lequel on sème les haricots est ouvert avec un instrument spécial dénommé « planet », ayant la forme d'une petite butteuse. On recouvre les haricots avec le même instrument.

La terre est ensuite tassée légèrement, en passant sur chaque raie, l' « eyssade », outil ressemblant à une houe et employé couramment dans cette région.

Lorsqu'on a recouvert les haricots, le planet a formé une autre raie à côté de la première qui est comblée. Dans cette raie, on met l'engrais (200 kgs de tourteau à l'éminée, soit environ 25 kgs à l'are). Puis on butte les haricots en ramenant l'engrais autour de chaque pied. On bine et l'on arrose toutes les fois qu'il est nécessaire.

La récolte se fait à la fin de juin, et se poursuit pendant tout l'été. L'on ne récolte qu'un jour sur deux et, entre chaque cueillette, on arrose (ceci pour les haricots verts).

Le rendement est très variable, suivant la qualité des haricots, le temps qu'il a fait et la fumure.

Pour les haricots verts, on peut obtenir environ 500 kgs à l'éminée, soit 57 kgs à l'are, dont le prix est au minimum de 2 francs le kg.

Les haricots en grains donnent un peu plus, de 6 à 700 kgs à l'éminée (680 à 800 kgs à l'are), mais leur prix est moins élevé : 1 fr. 50 le kg. en moyenne.

Beaucoup d'agriculteurs ont renoncé à la culture du haricot, car elle demande trop de travail et de main-d'œuvre, par rapport au bénéfice recueilli.

En effet, une femme pouvant cueillir 25 kgs de haricots fins par jour est payée 20 francs, prix très élevé, par suite de la chaleur suffocante de cette époque et du manque d'air causé par la présence des allées de cyprès arrêtant le moindre souffle de vent.

On comprend que ce prix de main-d'œuvre diminue considérablement le bénéfice et même rend cette culture peu intéressante.

10° **Ail**

Seul, l'ail blanc est cultivé.

On plante les bulbilles au mois de novembre, mais on rejette la bulbille centrale de la tête.

On espace les raies de 60 centimètres et les pieds de 11 centimètres environ. Il faut prendre soin de bien planter la bulbille la pointe dirigée vers le nord, de manière à donner plus de résistance à la future tige qui sera, de ce fait, inclinée contre le vent.

Au mois de février, on bine et l'on fume légèrement.

La récolte peut se faire en vert, au mois de mai, ou bien un peu plus tard, quand l'ail est sec.

L'ail se vend au kilogramme, s'il est sec, et par paquets de vingt-quatre têtes, s'il est vert.

Sec, il a valu, en 1925, 800 francs les 100 kgs.

IV. — Production des Fruits

1° Melons

GERMINATION

Avant de commencer la culture sous châssis du melon, l'on prend soin de faire germer les graines de la manière suivante : on fait un trou dans du fumier, dans lequel on met un panier divisé en deux parties par un grillage en fils de fer horizontaux. Après avoir laissé les graines vingt-quatre heures dans l'eau pour les faire gonfler, on les enveloppe dans un linge mouillé et on les place ainsi dans le panier, sur le grillage.

Elles ne touchent pas ainsi au fond du panier et ne sont pas trop près du fumier.

Le lendemain, les graines sont germées et prêtes à être semées sous châssis.

CULTURE SOUS CHASSIS

La couche est préparée de la même manière que pour les tomates, mais le carrelage est fait de telle façon que l'on a de 90 à 100 points d'intersection par cadre.

On arrose la terre avant de semer, puis on opère comme pour la tomate.

Au bout de deux ou trois jours, la graine lève. On effectue un sarclage et on ne laisse que deux plants à chaque intersection du carrelage.

REPIQUAGE

Au début d'avril, le melon a déjà deux feuilles. On le repique en laissant une motte de terre attachée aux racines de chaque pied, en ayant soin, au préalable, de mettre dans les raies deux ou trois petites fourchées de fumier gras pour chaque pied. On dispose les plants à 0m75 et les raies sont espacées de 1m75.

Quand les costiers ont 50 centimètres, on trace une raie à la charrue, pour pouvoir arroser, et l'on donne au sol une demi-fumure.

Par la suite, lorsque les costiers se sont allongés, on nivelle par un coup de griffon, et on supprime donc la raie tirée à la charrue pour l'arrosage.

On tire alors au milieu des lignes de melons, et à la charrue, une raie qui servira pour l'arrosage, pour répandre une seconde demi-fumure, puis pour passer récolter les melons.

Après avoir étendu les costiers perpendiculairement aux raies de charrue, on pince en suivant l'arète de la raie. Chaque portion comprise entre deux raies de charrue et portant une ligne de melons est appelée « banc de melons ».

Note. — La taille se fait ordinairement avant le début de mai, et dans la couche même ; on supprime tout ce qui se trouve au-dessus des deux rameaux portant les deux plus basses feuilles principales. De plus, il ne faut laisser que deux ou trois melons sur chaque branche.

VARIÉTÉS

Les principales variétés cultivées sont :

Melon Cantaloup,
» Noir des Carmes,
» Montauban,
» Espagnol,
» de Cavaillon.

Le melon Espagnol est inconnu sur le marché de Paris, car il ressemble à une pastèque. Mais c'est celui qui est le plus apprécié des cultivateurs de la plaine de Châteaurenard, qui ne mangent que celui-là. Ce melon est d'ailleurs cultivé en plein vent, mais en petite quantité.

RENDEMENT

La récolte se fait du 1er au 15 juillet. On peut obtenir cinq ou six melons par pied, qui se vendent entre 6 à 10 francs la douzaine.

2° **Pêches**

Comme la plupart des autres arbres fruitiers, les pêchers sont achetés chez les pépiniéristes et replantés par les cultivateurs.

On les plante en janvier, la courbe de la greffe dirigée vers le nord, de manière à pouvoir résister au vent sans être cassée.

On plante les pêchers à 5 mètres d'intervalle, les lignes étant distantes de 8 mètres.

VARIÉTÉS

Amsden précoce,
Précoce de Hale,
Bénoni,
Saint-Laurent.

Dès le mois de juin, on peut avoir des fruits. La récolte se prolonge parfois jusqu'au 1er octobre.

Il faut se méfier des gelées printanières, qui peuvent causer de grands dommages aux pêchers.

La culture du pêcher et des autres arbres fruitiers ne différe en rien dans la plaine de Châteaurenard, de celle des autres pays. Mais les avantages exceptionnels du climat permettent d'obtenir des fruits de très bonne heure ; c'est cela seulement qu'il est intéressant de signaler et qui donne la valeur aux fruits de cette région.

3° Autres fruits

En même temps que les pêches, c'est-à-dire à partir du 15 juin environ, on récolte :

Des abricots, jusqu'au 15 juillet.

Des poires, jusqu'au 15 juillet.

A partir du 1er mai, on trouve déjà, aux environs de Graveson et d'Eyragues, des cerises.

Note. — Dans la plaine proprement dite, on ne trouve guère d'arbres fruitiers, ces derniers étant généralement sur les coteaux de la Montagnette et de la Petite Crau.

4° Raisin

Aux alentours de Châteaurenard, on cultive principalement le raisin de table. Plus au sud, chaque agriculteur possède un coin de vigne, qui lui permet, chaque année, de faire son vin.

Citons à ce propos les coopératives vinicoles fondées un peu partout dans la région et particulièrement celle de Maillane, qui fonctionne depuis 1924. Dans ces coopératives, le vin est fait avec les raisins apportés par tous, et chacun touche une quantité de vin en rapport avec la quantité de raisin qu'il a apportée.

Il existe également de grands domaines possédant une surface importante de vignes, mais s'occupant exclusivement de vinification (domaines du Cast, du Breuil). Nous ne nous occuperons pas de ces domaines, situés sur terrains caillouteux et dont les produits ne paraissent pas sur le marché de Châteaurenard. Nous ne verrons que brièvement le raisin de table.

VARIÉTÉS

Madeleine Angevine, Oberlin : très précoces,
Chasselas,
Portugais bleu,
» noir,
Muscat d'Hambourg,
Olivettes blanches,
» noires,
Gros vert,
Clairettes,
Œillades, etc...

PLANTS PORTE-GREFFES

Généralement, le terrain étant peu calcaire, on emploie le plan américain « 3.309 ».

Dans les terrains calcaires, on emploie le « Rupestris Monticola » du Lot.

Enfin, dans les terrains humides, on emploie le « 3.306 ».

GREFFE

La greffe la plus généralement employée est la greffe en fente anglaise.

CULTURE

Les principes de la culture de la vigne sont ceux admis généralement dans toutes les autres contrées ; on espace les lignes de 2^m à 2^m50 et les plants de 1^m50 environ.

Les rameaux sont attachés sur fils de fer simples.

La taille la plus courante consiste à laisser, par plant, quatre rameaux de 5 à 6 yeux.

La plupart des raisins apportés sur le marché de Châteaurenard viennent du département du Gard.

A la fin de la saison, on en apporte de l'Isle-sur-Sorgue et du Thor.

V. — Production des Graines

1° Généralités

La culture des différents légumes ou autres plantes pour la production des graines est surtout développée dans la région de Saint-Rémy et au nord de ce canton jusqu'à Maillane environ.

En général, cette culture est faite sur contrat : la graine à semer est fournie par le marchand grainetier qui, au cours de la végétation, vient vérifier s'il n'y a pas eu de mélange avec une graine de variété différente de celle qu'il a fournie.

Le marchand grainetier vient, en général, vérifier pendant la végétation en pépinière et pendant la végétation en pleine terre.

L'achat de la récolte se fait sur un prix de base minimum fixé d'avance, avec augmentation possible si le cours, au moment de la récolte, est supérieur au prix minimum fixé. Mais, en aucun cas, le prix de base ne peut être abaissé.

Les principales plantes cultivées en vue de la production de la graine sont les suivantes : chou, oignon, carotte potagère et fourragère, salade, épinard, betterave potagère et fourragère, poireau et céleri.

2° Production de la graine de chou

On produit également la graine de chou potager et la graine de chou fourrager.

Les semis se font en pépinière, au mois de juin. On repique en pleine terre fin août, commencement septembre. La terre doit être bien ameublie et l'on procède de la même manière que pour la culture du chou-fleur.

On espace les raies de 80 à 90 centimètres et les pieds de 40 à 50 centimètres. Un arrosage immédiat est nécessaire pour la reprise.

Au premier buttage, on incorpore au sol 30 kgs d'engrais complet, composé comme suit :

Super	30 %
Tourteaux divers..................	50 %
Sulfate d'ammoniaque et de potasse.	20 %

Au labour, avant la plantation, il a fallu naturellement donner au sol une bonne fumure ordinaire.

A la suite du binage, qui a lieu quand les choux ont bien repris, on fait un buttage ; puis, quand la pomme est formée, on la coupe à sa surface de traits de couteau en croisillons, pour permettre à la tige de s'élever facilement.

La récolte a lieu vers la fin de juin.

On coupe les plants à leur base et on les dispose sur une aire.

On effectue le battage avec un cheval traînant un rouleau, et le triage avec un tarare.

Le rendement moyen est de 80 à 100 kgs de graines à l'éminée (soit de 9 à 11 kgs 500 de graines à l'are), dont le prix varie entre 5 et 12 francs le kilo.

De même que pour le chou-fleur, la chenille est à craindre.

3° Production de la graine d'oignon

La graine est semée de manière à obtenir des petits oignons en février-mars. On arrache ces petits oignons au commencement du mois d'août et on les met dans un endroit bien sec, pour les replanter en septembre-octobre.

On espace les raies de 65 à 75 centimètres, et les pieds de 15 centimètres environ. Il faut prendre soin, lorsqu'on replace les oignons, de mettre la pointe en haut et dirigée vers le nord, pour faciliter la reprise et donner plus de résistance à la tige contre le vent.

Au printemps, mettre un peu de nitrate et de potasse pour activer la végétation.

Dans le courant de l'hiver, si le temps le permet, faire de légers binages.

La récolte a lieu vers le 20 juillet. On coupe les têtes seulement avec des ciseaux et on les recueille immédiatement dans des sacs, pour ne pas perdre de graines.

On bat les têtes sur une aire, comme pour les choux, et on trie pareillement.

Le rendement est très variable. Il peut atteindre 100 kgs à l'éminée, soit 11 kgs 500 à l'are, mais la moyenne n'est que de 35 à 40 kgs à l'éminée. Son prix est de 12 à 15 francs le kilo. Il s'est élevé, en 1924, à 35 francs, exceptionnellement.

Pour être vendables, les graines doivent donner un minimum de germination de 85 à 92 %.

4° Production de la graine de carottes

Les principales variétés demandées par les marchands grainetiers sont :

Carotte blanche à collet vert,

Nantaise,

Guérande.

Les semis se font en fin août en pépinière. Le repiquage a lieu en décembre-janvier, en raies espacées de 70 à 80 centimètres. On met environ trois pieds au mètre.

Au premier binage, qui a lieu en février-mars, et qui est suivi d'un sarclage, on peut mettre l'engrais suivant, s'il n'a pas été incorporé à la terre avant la plantation : engrais complet, 120 kgs.

La maturité a lieu vers le 20 juillet.

La récolte se faisait, autrefois, en deux reprises différentes, mais aujourd'hui, on préfère récolter tout en une seule fois, pour deux raisons : économie de main-d'œuvre, et, d'autre part, de peur d'un vers qui ronge l'ombelle avant la deuxième récolte.

Le battage des tiges se fait également sur aire.

Le rendement moyen est de 75 à 100 kgs à l'éminée (soit 9 à 11 kgs 500 à l'are), et le prix de vente varie entre 5 et 10 francs le kilo.

La graine de carottes est principalement vendue à des marchands grainetiers de Saint-Rémy.

3° Production de la graine de salades

Les semis se font en pépinière, sauf pour les laitues, qui sont semées sur place.

Pour toutes les salades, sauf les laitues, on sème en août-septembre.

Le repiquage se fait de décembre à février, à un intervalle de 30 à 40 centimètres, en raies espacées de 70 à 80 centimètres.

L'engrais nécessaire est d'environ 150 kgs d'engrais complet à l'éminée, soit 17 kgs à l'are, plus un peu de nitrate pour activer la végétation.

La récolte des graines se fait vers le mois d'août. Le rendement moyen est de 80 à 100 kgs à l'éminée, soit 9 à 11 kgs 500 à l'are ; le prix de vente varie de 5 à 8 francs.

Pour les laitues, on sème en sillon en février-mars et l'on récolte de la fin juin jusqu'au milieu d'août. Le rendement est de 40 à 60 kgs à l'éminée, soit 4 kgs 500 à 6 kgs 800 à l'are, et le prix de 8 à 10 francs le kilo.

Les intempéries sont très à craindre lors de la maturité et l'on doit éviter la rouille, qui jaunit les tiges.

Les deux variétés de salades autres que la laitue, et cultivées dans la plaine de Châteaurenard pour la graine, sont la scarolle et la chicorée frisée.

Note. — On estime qu'il faut un kilo de graines en pépinière pour planter ensuite une surface de un hectare.

6° Production de la graine d'épinards

La principale variété d'épinard cultivée pour sa graine est la variété dite à large feuille.

Les semis se font sur place en raies espacées de 60 centimètres environ et sans intervalle entre les graines.

On sème soit en automne (octobre-novembre), soit après les gelées, en février-mars.

On ne fait que peu d'éclaircissage pour permettre la fécondation entre les pieds. On n'effectue que des binages superficiels, quand il en est besoin. Il est inutile d'arroser.

La fumure employée est la fumure ordinaire.

La récolte a lieu vers la fin de juin : on arrache les pieds et on les laisser sécher sur place pendant un ou deux jours, puis on les bat sur l'aire et l'on trie la graine au tarare.

Le rendement moyen est de 120 à 200 kgs à l'éminée, soit 13 kgs 500 à 23 kgs à l'are, et le prix de cette graine est de 3 francs en moyenne.

Il n'y a pour ainsi dire pas de maladies à craindre pour la graine d'épinard.

7° Production de la graine de betterave

On produit également la graine de betterave potagère et la graine de betterave fourragère.

Les semis se font en pépinière, à la fin d'août et pendant le mois de septembre.

Le repiquage peut se faire en novembre-décembre

ou bien en février-mars. Mais il ne faut pas repiquer pendant les gelées. Si les plants sont arrachés et qu'il gèle, il faut les mettre en resserre.

Au repiquage, les raies sont espacées de 70 à 80 centimètres, et les pieds de 30 à 40.

On n'effectue pas de buttage, mais pour éviter que le vent ne casse les tiges, on pince celles-ci près du sol. Les ramifications s'établissent alors sur la terre même et horizontalement.

Il est bon d'arroser si la terre est trop sèche, sans que cela soit indispensable, mais si l'on arrose il faut faire un buttage.

La récolte se fait à la fin de juillet. On coupe les pieds au ras du sol et on les bat sur l'aire.

On peut obtenir de 150 à 200 kgs à l'éminée, soit 17 à 23 kgs à l'are, et le prix de vente est d'environ 3 francs le kilo.

8° Production de la graine de poireau

Les semis se font en mars, en pépinière, et l'on repique le bulbe à la fin de septembre et pendant le mois d'octobre. On espace les lignes de 80 à 90 centimètres et les pieds de 10 centimètres environ.

On met les mêmes engrais que précédemment.

La récolte a lieu pendant la première quinzaine de septembre. On coupe seulement les têtes, que l'on recueille dans des sacs, et on les bat sur l'aire.

Le rendement moyen est de 80 à 100 kgs à l'éminée, soit 9 à 11 kgs 500 à l'are, et le prix de vente varie entre 12 et 18 francs. La moyenne, assez stable, est de 15 francs.

9° Production de la graine de céleri

La graine de céleri est utilisée soit par les maraîchers pour la reproduction, soit par les distilleries.

Dans ce dernier cas, les distilleries fournissent elles-mêmes la graine à semer.

Les semis se font très épais, en pépinière et à l'ombre, de juin à juillet.

Le repiquage a lieu en novembre-décembre, dans des terres fumées par d'autres cultures précédentes. On ajoute un peu de nitrate de potasse et 150 kgs environ à l'éminée, soit 17 kgs à l'are, d'engrais complet, soit au labour, soit au premier binage.

A la floraison, il est bon d'arroser.

La récolte se fait dans la première quinzaine de juillet. On coupe les pieds au ras du sol et on les emporte aussitôt dans l'aire pour être battus.

Le rendement est de 100 à 200 kgs à l'éminée, soit 11 kgs 500 à 23 kgs à l'are ; le prix moyen est de 7 à 8 francs le kilo. Cette culture est donc particulièrement intéressante, mais elle craint une sorte de rouille, qui fait jaunir les pieds et dessécher la graine.

La graine de céleri peut être conservée longtemps sans perdre de sa valeur. On peut donc attendre facilement le meilleur moment de vente, si celle-ci n'a pas été faite sur contrat.

On ne soumet pas la graine de céleri à une épreuve de germination, toutes les graines étant propres à la reproduction.

VI. — **Culture industrielle**

Le chardon

La culture du chardon, ou « carderie à foulon », tend aujourd'hui à reprendre la place qu'elle occupait autrefois dans l'agriculture.

Les procédés mécaniques inventés dans le but de suppléer au chardon dans l'industrie de la laine n'ont pas donné tous les bons résultats qu'on en espérait. Et déjà quelques usines, notamment en Angleterre, reviennent au procédé primitif, le meilleur, pour le tissage des tissus de laine.

La culture du cardère à foulon est principalement répandue dans la plaine de Châteaurenard. Quoique cela paraisse peu vraisemblable, cette culture nécessite de très bonnes terres, un humidité suffisante en même temps qu'une chaleur assez forte. C'est pourquoi les quelques agriculteurs qui ont essayé de cultiver le cardère à foulon dans le département de l'Aude, n'ont obtenu qu'un résultat médiocre, et quant à la quantité et quant à la qualité.

CARACTÈRES DU CARDÈRE A FOULON

Le cardère à foulon (*dipsacus fullonum*) est une plante bisannuelle de la famille des dipsacées. Elle mesure de 1^{m} à 1^{m}50 de hauteur. Les diverses branches qui la forment sont terminées par des têtes en capitule munies de bractées courbées en crochet à leur extrémité. Ces têtes mesurent de

5 à 15 centimètres de hauteur, sur 2 à 5 centimètres de diamètre.

La fleur de couleur violet pâle apparaît en juillet entre les épines de la tête, dans les alvéoles où se forme également la graine, qui est oblongue.

CULTURE PROPREMENT DITE

Les semis sont effectués en pépinière.

La terre de la pépinière doit être préalablement aplanie, pour faciliter l'arrosage nécessaire à la levée des plantes. Puis on fume et on laboure sans se soucier des mottes de terre qui ne nuisent pas à la levée des plantes.

A la fin de juillet et pendant la première quinzaine d'août, on sème la graine à la volée, à raison de 10 à 12 kgs par hectare. Le poids d'un hectolitre de semence est de 30 à 45 kgs. On enterre les graines à une profondeur de 2 ou 3 centimètres, en creusant dans le sens de la longueur du champ, à l'aide d'une butteuse ou d'une binette, des rigoles de 15 centimètres de large sur autant de profondeur, qui serviront à l'arrosage.

L'eau arrive par un fossé établi sur le plus grand côté du champ, elle se répand dans la pépinière grâce à une série de rigoles transversales, disposées tous les 10 à 12 mètres, et s'écoule dans les premières rigoles creusées à la butteuse.

Sauf contre-temps, la levée doit s'effectuer au deuxième arrosage, c'est-à-dire six à huit jours après les semis.

Il faut alors tenir le sol humide pendant quinze à vingt jours, à cause des grandes chaleurs du mois d'août. Les mauvaises herbes doivent être sarclées dès leur apparition. Enfin, si besoin en est, il faut éclaircir les plants, en ne laissant qu'un pied tous les 2 ou 3 centimètres.

Le repiquage s'effectue au mois de décembre, par un temps de préférence humide. On repique les chardons en pleine terre, bien défoncée par un labour profond. On place les pieds à 30 ou 35 centimètres les uns des autres, dans des sillons tracés dans la longueur du champ et espacés de 70 à 75 centimètres.

On ne doit repiquer que des pieds d'une grosseur suffisante et éliminer tous ceux qui sont avariés, car les chardons sont sujets aux atteintes d'un champignon, l'*erysiphe communis*. En pépinière, on peut soigner ou prévenir cette maladie en saupoudrant de soufre le cœur du chardon.

Une fois replantée, la plante vigoureuse ne nécessite plus d'arrosage. Elle passe l'hiver sans grande végétation ; mais pour que le terrain reste souple et ne durcisse pas, on procède, après les pluies violentes, à un binage à l'aide de la houe ou du griffon à cheval entre les raies, et d'une binette à main entre les pieds.

On exécute ce travail jusqu'à la fin du mois de mai, époque où les branches ne laissent plus passer le cheval ou l'ouvrier.

Ce n'est qu'au printemps (fin avril et début mai) que le chardon commence à faire tige et à jeter ses branches, qui deviennent plus ou moins nombreuses selon la fertilité du terrain.

Un pied peut porter de 40 à 50 têtes. Mais ceci est assez rare. La moyenne est de 10 à 15 têtes.

Dès que la floraison est terminée, ordinairement dans la première quinzaine de juillet, on procède à l'étêtage. On coupe les tiges, aux ciseaux, à 20 ou 30 centimètres au-dessous du collet. On ramasse ensuite les têtes dans des corbeilles.

La récolte est mise à sécher sur une aire, de sorte que les graines tombent des alvéoles. Si cette récolte venait à être mouillée, les chardons prendraient une mauvaise couleur, ce qui nuirait considérablement à la vente.

Lorsque les têtes de chardon sont bien sèches, on les rentre dans un grenier, où on peut les tasser, en prenant soin de ne pas monter directement sur les chardons, ce qui déprimerait les épines ; il faut avoir la précaution de se servir de planches sous ses pieds.

Les chardons doivent être préservés de l'humidité pour qu'ils ne pourrissent pas. Par conséquent, le grenier ne doit pas se trouver au-dessus d'une étable, ni exposé aux intempéries.

Il doit être également protégé des rats, qui sont très friands de la moëlle des têtes des chardons.

Les plants qui restent dans les champs (100 à 200 kgs par hectare), fanes vertes et tiges, sont arrachés et brûlés sur place.

La culture du chardon nécessite, comme toute culture, l'emploi d'engrais.

La terre où l'on doit planter les chardons est soigneusement fumée. On y sème également les engrais, soit avant la plantation, soit au premier labour, en février. Dans ce dernier cas, on les sème à la raie et on les enterre par un binage à chaque pied.

Le meilleur engrais pour la culture chardon est un mélange de :

50 % de tourteaux,
25 % de superphosphates,
25 % de KCl et sulfate d'ammoniaque.

On emploie ce mélange à raison de 900 à 1.000 kgs à l'hectare.

VENTE DU CHARDON

Le prix des chardons varie dans une même année suivant leurs qualités et leurs dimensions. C'est habituellement la dimension moyenne la plus recherchée. Cependant, l'agriculteur a intérêt à obtenir des chardons de grande dimension pour avoir un rendement plus considérable.

En terrains très fertiles, le rendement peut atteindre 1.800 à 2.000 kgs à l'hectare, mais ceci est un maximum. Le rendement moyen est de 800 à 1.200 kgs seulement.

Les prix offerts par les commerçants en 1923 ont été de 11 à 18 francs le kilo. Ils avaient été, en 1922, de 6 à 8 francs, quoique le rendement eût été beaucoup plus faible.

En 1925, les prix se sont cependant abaissés notablement. Les chardons n'ont pu être vendus que de 5 à 7 francs le kilo.

Les chardons sont achetés par des commerçants groupés entre eux. Ceux-si, sauf accord préalable avec le vendeur, d'enlèvement immédiat, n'emballent les chardons qu'au fur et à mesure de leurs besoins, ce qui leur évite de construire greniers ou entrepôts.

Dans leurs établissements, les commerçants préparent les têtes. La couronne d'épines est enlevée et les têtes sont classées par dimensions, dans des caisses qui sont ensuite envoyées soit en Angleterre, soit en Amérique. Avant la guerre, cette exportation avait lieu surtout avec l'Allemagne et la Russie.

La graine de chardon peut servir de nourriture aux oiseaux. Elle s'est vendue de 50 à 70 francs les 100 kgs en 1923, de même qu'en 1925.

Il serait intéressant de voir ce que cette culture donnera par la suite et si elle continuera d'être aussi en faveur.

Troisième Partie

UTILISATION ÉCONOMIQUE

I. — Marché de Châteaurenard

C'est à Châteaurenard que se tient le marché de beaucoup le plus important de toute la région.

Fondé il y a quelques années par le Docteur Mascle, alors maire de Châteaurenard, il a rapidement pris son essor et est aujourd'hui un des plus grands marchés de fruits et légumes de France et même du monde entier.

Le marché se tient dans les rues mêmes de la ville, car il n'y a pas de halles spéciales pour la vente. Depuis le mois de novembre 1925, son ouverture a été fixée, par arrêté municipal, à 5 heures du matin. Il se termine dans la matinée, vers 9 heures. Une cloche annonce l'ouverture du marché et il est interdit de vendre aucun produit avant ce signal. Ceci pour permettre aux agriculteurs éloignés ne pouvant arriver de plus bonne heure, d'offrir leurs marchandises à la vente en même temps que ceux qui auraient pu arriver une ou deux heures d'avance.

Les producteurs arrivent donc la nuit et déchargent leurs sacs ou banastes avec l'aide de portefaix autorisés par la commune. Ils disposent leurs produits sur deux lignes ou trois, au bord du trottoir; on ne peut commencer à s'installer avant 4 heures du matin, sous peine d'amende.

Le droit de vente est libre, et les meilleures places sont naturellement occupées par les premiers arrivants.

A 5 heures, au moment de l'ouverture du marché (mais après le son de la cloche seulement), les produits sont découverts ; on délie les sacs, on enlève les toiles, qui recouvrent les banastes, offrant à la vue des expéditeurs qui sont pour ainsi dire les seuls acheteurs sur ce marché, de belles rangées de fruits ou de légumes. Alors commencent de vives discussions toujours en provençal, ce qui excite souvent la curiosité des étrangers, mais ne la satisfait pas. Les transactions se font lorsque acheteurs et vendeurs sont d'accord, le plus souvent dans un café.

Les marchandises vendues sont alors recouvertes et, dans la matinée, le producteur les transporte ou les fait transporter par des portefaix à l'établissement de l'acheteur.

Là, elles sont pesées ou comptées, suivant les cas, et le producteur est payé immédiatement.

C'est ainsi qu'après un solide déjeuner pris dans un coin de la ville, les producteurs repartent pour leur mas, la charrette vide mais la bourse bien garnie et, dès 9 heures, se remettent au travail souvent trop urgent pour leur permettre de prendre un repos dont ils auraient cependant besoin.

Il existe d'autres petits marchés locaux : Cabannes, Barbentane, Graveson, Rognonas..., disséminés dans toute la plaine, mais leur importance est insignifiante ; les prix qui y sont pratiqués sont d'ailleurs inférieurs à ceux de Châteaurenard, et les expéditeurs qui s'y trouvent sont tous de petite envergure et en très petit nombre.

II. — Emballages

L'emballage a une grosse influence sur la bonne vente des primeurs. Des fruits disposés avec goût, du côté de leur plus riche coloris, dans des emballages choisis, qui auront su les préserver de tout choc et de toute détérioration au cours de leurs voyages, seront beaucoup plus appréciés de l'acheteur que d'autres fruits de même qualité, mais disparates comme taille et comme teinte, et disposés sans soins spéciaux, dans des emballages quelconques.

Les expéditeurs de Châteaurenard portent une grande attention aux emballages, qu'ils estiment être de première importance.

Toutes les primeurs sont triées par qualité et par grosseur. Ce travail est ordinairement effectué par des femmes, à Châteaurenard même. Les primeurs sont ensuite emballées d'une manière différente suivant les espèces.

QUALITÉS D'UN BON EMBALLAGE

Un bon emballage doit réunir autant que possible la légèreté et la solidité. Il doit être suffisamment résistant pour protéger les produits pendant toute la durée du voyage qu'ils auront à accomplir. Il doit aussi permettre une aération suffisante pour certains produits, tout en évitant la possibilité de spoliation, être bien conditionné pour qu'il y ait le moins de place perdue à l'intérieur, être fabriqué avec goût, de manière à mettre les produits en valeur sur le marché.

Enfin, la question du prix de revient des emballages est importante, car un prix peu élevé permet de vendre « brut » pour « net ».

Mais l'expéditeur aura avantage à payer un emballage plus cher, pour être sûr de la solidité qui est, redisons-le, chose capitale. En effet, les emballages doivent supporter maintes manipulations, au départ, en cours de route, à l'arrivée. Ils peuvent être heurtés violemment, écrasés lorsqu'ils sont mal empilés sur les voitures, s'ils ne sont pas suffisamment solides pour résister, la marchandise peut en souffrir, et dans tous les cas elle sera dépréciée considérablement sur le marché.

Les emballages à claire-voie, très pratiques pour l'aération de l'intérieur, ne devront pas cependant présenter de trop grandes ouvertures, qui pourraient permettre à des mains indélicates de s'approprier tout ou partie du contenu.

PRINCIPAUX TYPES D'EMBALLAGES

Les principaux types d'emballages employés par les expéditeurs de Châteaurenard sont les suivants :

Les mannes à choux-fleurs, ordinairement en châtaignier, quelquefois en bambon fendu ; il en existe trois grandeurs pouvant contenir respectivement 24, 18 et 15 choux-fleurs. Le prix du plus grand modèle, couvercle compris, est de 4 francs.

Les banastes, sortes de corbeilles munies de poignées, en osier ou en roseau, environ deux fois plus longues que larges. Elles servent au transport des melons, pommes de terre, artichauts, etc... On les recouvre d'une toile d'emballage, attachée aux deux barres de bois qui sont fixées aux deux grands côtés. Trois dimensions sont les plus courantes :

Banaste de	22	pouces.	50 kgs	pommes de terre
»	20	» .	30 à 35 »	»
»	18	» .	18 à 20 »	»

Le prix de la banaste de 22 pouces est de 4 à 5 francs. Celle de 18 pouces se vend 3 francs. C'est cette dernière qui est la plus communément utilisée.

Billots. Ce sont des corbeilles en châtaignier de forme rectangulaire, affectant la forme évasée, et munies de deux poignées. Leur section horizontale est plus ovale que celle des banastes. Les billots sont munis d'un couvercle à claire-voie que l'on assujettit au moyen de ficelles. Les dimensions des billots sont généralement $0^m65 \times 0^m47$ à la partie supérieure, $0^m35 \times 0^m25$ à la partie inférieure et 0^m30 de profondeur.

On se sert de cet emballage pour toutes sortes de légumes peu fragiles : choux-fleurs (12 par billot), laitues (4 à 5 douzaines par billot), haricots (15 kgs), etc... Le prix d'un billot est de 4 francs environ.

Cageots ou augettes, à claire-voie, de forme pyramidale, sont faits en planches de 5 à 6 centimètres de largeur environ, espacées les unes des autres de 3 à 4 centimètres. Le fond est plein. Le couvercle indépendant, attaché avec des ficelles, est également à claire-voie.

Les cageots sont ordinairement munis de papier de couleur et de frisure de bois et servent au transport des fruits. L'emploi de caissettes rectangulaires serait préférable à celui de ces augettes, car étant de forme pyramidale, lorsqu'elles sont empilées les unes sur les autres, les augettes supérieures appuient au centre des couvercles des augettes inférieures et risquent de les défoncer, tandis qu'avec des cageots rectangulaires, l'effort d'écrasement s'exerce sur les parois de chaque caisse, et s'il est régulièrement réparti, n'offre aucun risque.

Sacs ; ils servent à l'emballage des denrées peu fragiles, plus particulièrement des pommes de terre et des haricots verts. Ils contiennent 50 kgs de pommes de terre, et coûtent 0 fr. 75 à 1 franc pièce.

L'expéditeur a le plus grand intérêt à expédier emballage « perdu ». En effet, s'il fait usage des emballages à retourner, il doit en tenir une comptabilité spéciale, s'inquiéter en temps opportun de leur retour, les remettre en bon état, ce qui n'est pas toujours facile, car ils se détériorent rapidement. Aussi l'usage de l'emballage perdu s'est-il développé très rapidement. De plus, la marchandise offerte en emballage neuf est d'une présentation beaucoup plus favorable. La réduction de poids mort par l'emploi d'emballages perdus plus légers que les emballages à retourner est souvent considérable. Il peut parfois être réduit de moitié, ce qui se traduit par une économie appréciable sur les frais de transport.

Mais s'il faut chercher à obtenir des emballages à bon marché, il ne faut pas sacrifier la solidité et le bon goût absolument nécessaires pour permettre à la marchandise d'atteindre avec sécurité le marché éloigné et de plaire à l'acheteur.

L'on y arrive facilement aujourd'hui en utilisant le bois sous forme de planchettes minces ou de bois déroulé, les roseaux, les bambous, etc... L'osier, par contre, n'est plus employé, car son prix de revient est trop élevé pour permettre d'abandonner l'emballage à l'acheteur.

III. — **Expédition proprement dite**

La gare de Châteaurenard appartient au réseau des Bouches-du-Rhône, mais pour faciliter ses relations avec la gare de Barbentane, point où elle se rattache au réseau P.-L.-M., il s'est fait un arrangement entre les deux compagnies :

Châteaurenard trafique directement avec toutes les gares du réseau P.-L.-M. à l'aller ; mais pour le retour des emballages, Barbantane opère avec cette gare comme avec un « transit » normal. A leur arrivée, les emballages sont déchargés, triés, puis rechargés et expédiés avec un nouveau bordereau.

Il n'y a qu'avec la gare de Paris (Bercy) que Châteaurenard trafique directement, tant à l'aller qu'au retour.

Tous les jours, la gare de Châteaurenard envoie à la gare de Barbentane le bordereau des expéditions faites la veille. Chaque expédition comprend un débours, prix du transport de chez elle à Barbentane, et que rembourse cette dernière gare.

De plus, une prime est allouée à Châteaurenard pour chacune de ses expéditions.

Tous les imprimés et tout le matériel nécessaire pour le fichage des colis est fourni par la gare de Barbentane. Mais le personnel appartient en entier au réseau des B.-D.-R.

Tous les jours, Châteaurenard fait une demande des wagons qui lui sont nécessaires pour le lendemain, et ces wagons lui sont passés par la gare de Barbentane le matin ou la veille au soir.

Pendant l'année 1925, Châteaurenard a fait 175.456 expéditions représentant un tonnage de 43.718.700 kgs de primeurs, non compris le tonnage expédié directement à Paris, qui se monte à 8.071.967 kgs (légumes et fruits).

Le tableau ci-joint indique, pour tous les légumes, dans quelles directions et dans quelles proportions ils sont expédiés.

Quant aux fruits, leur tonnage pour toutes destinations, sauf Paris, se monte à 4.652.900 kgs, dont :

Cerises	101.700	kgs
Abricots	99.900	»
Pêches	28.500	»
Raisins	4.386.600	»
Figues	35.500	»
Poires	700	»

Tel est le détail des expéditions de primeurs de Châteaurenard en 1925. A tous ces chiffres, il convient d'ajouter le trafic de Barbentane « local »,

GARE DE BARBENTANE TRANSIT (EN PROVENANCE DE CHATEAURENARD)

Tonnage des diverses natures de légumes expédiés pendant l'année 1925 sur les destinations indiquées ci-dessous

NATURE DES LÉGUMES	Lyon	Saint-Etienne	Autres gares P.-L.-M	Alsace-Lorraine	Est	Etat	Midi	Nord	Orléans	Suisse	Belgique	TOTAUX — Tonnes
Artichauts	3, 2	2, 2	22, 6	3, 2	8, 0	»	»	1, 2	»	9, 0	10.8	60, 2
Asperges	59, 2	23, 6	85, 2	47, 5	1, 4	20, 2	38, 3	0, 6	0, 2	33, 3	12, 3	321, 8
Aubergines	37, 1	26, 4	148, 2	215, 3	8, 4	»	1, 9	1, 1	»	6, 0	6, 8	451, 2
Carottes	»	»	»	»	»	»	»	1, 2	»	»	»	1, 2
Choux-fleurs	1 681, 6	1.095, 5	5.209, 3	3 210, 2	1.583, 2	241, 3	610, 8	452, 7	481, 3	827, 6	1.232, 4	16 715, 9
Concombres, courges, courgettes	0, 8	2, 0	1, 5	3, 2	»	0, 5	»	»	»	2, 3	»	10, 3
Epinards	109, 8	103, 8	156, 0	153, 2	75, [illegible]	23, 2	32, 3	38, 5	41, 8	158, 7	66, 2	958, 5
Haricots verts	410, 5	159, 6	288, 4	498, 2	71, 1	7, 2	13, 4	10, 5	8, 3	276, 1	18, 5	1.761, 8
Melons	291, 0	102, 3	264, 0	624, 2	23, 4	12, 9	14, 4	7, 8	6, 9	185, 7	0, 5	1.533, 1
Navets	»	»	43, 5	»	»	»	»	»	»	16, 5	»	60, 0
Persil et laurier	36, 0	29, 6	89, 8	57, 8	32, 3	6, 0	27, 2	24, 3	16, 1	20, 3	27, 8	378, 2
Pois verts	31, 5	14, 7	105, 7	16, 8	33, 8	2, 0	3, 0	12, 1	3, 2	20, 0	18, 3	250, 1
Pommes de terre	1.351, 2	903, 7	3 352, 8	4.053, 1	1.536, 6	199, 5	132, 6	1.452, 2	231, 2	757, 4	270, 2	14.240, 5
Salades	605, 2	146, 5	954, 6	898, 3	205, 3	58, 3	57, 2	55, 3	18, 3	663, 6	70, 9	3.733, 5
Tomates	511, 9	130, 8	824, 1	864, 1	145, 2	52, 2	48, 3	51, 6	16, 2	505, 0	60, 8	3 210, 2
Légumes autres, non dénommés	»	»	8, 8	6, 2	3, 2	»	»	2, 3	0, 2	10.7	0, 8	32, 2
TOTAUX	5.129, 0	2 740, 7	11.644, 5	10.651, 3	3.726, 9	623, 3	979, 4	2.111, 4	823, 7	3 492, 2	1 796, 3	43.718, 7

gare qui dessert deux communes importantes où se tiennent des petits marchés : Rognonas et Barbentane. Il se monte à :

19.445.600	kgs	pour les légumes	toutes destinations
1.180.200	»	pour les fruits	Paris compris

TARIFS D'EXPÉDITION

Les tarifs appliqués aux primeurs-légumes sont les tarifs de « denrées périssables ».

Ces tarifs sont dénommés ainsi :

3/103, pour les expéditions en France, à savoir :

Tarif 3, pour le trafic « intérieur » (gares du réseau P.-L.-M.) ;

Tarif 103, pour le trafic « direct » (gares de tous autres réseaux français).

303, pour les exportations à l'étranger.

De plus, les primeurs bénéficient d'une réduction de 20 % pour toute expédition à une distance supérieure à 250 kilomètres pendant toute l'année, et d'une réduction de 30 % aux mêmes conditions au plus fort de la saison pour chaque primeur (par exemple du 10 mars au 30 novembre pour les choux, du 1er juillet au 30 novembre pour les tomates, les haricots, etc...).

Les fruits et le raisin ont un tarif spécial, différent de celui des légumes.

Il est également accordé une réduction pour expéditions par wagon complet. Et, afin de faire profiter même les petits expéditeurs de cette réduction, il s'est fondé deux sociétés : « l'Auto-trafic », et la « Société Pilaire », qui réunissent les diverses marchandises des expéditeurs, chargent elles-mêmes les wagons (d'où nouvelle réduction accordée par la compagnie), et, à l'arrivée à Paris, transporte par camions les primeurs aux Halles Centrales.

TRAINS SPÉCIAUX

Des trains spéciaux à marche rapide ont été mis en service pour le transport des primeurs. Ce sont les suivants :

a) Pour la montée :

Train 4.810, se formant à Barbentane, partant à 14 h. 30, acheminant les primeurs sur Lyon, Saint-Etienne et le Bourbonnais, arrive dans le courant de la nuit, à temps pour le marché du lendemain ;

Train 5.184, se formant à Barbentane, acheminant les primeurs sur Paris, l'Est et la Lorraine, *via* Is-sur-Tille. Part à 17 h. 25 ; les wagons pour Paris arrivent vers minuit, après une nuit, un jour, une demi-nuit de voyage.

Train 4.868, achemine les primeurs sur les autres destinations : Alsace, Nord, Etat, les groupages pour toute la région de Valence à Lyon et de Lyon à Belfort. Ce train part à 10 heures ;

Train 4.812, réunit tout ce qui n'a pu partir aux autres trains. Part à 19 h. 30.

b) Pour la descente :

Train 4.931, partant à 17 h. 30, achemine les wagons pour Nîmes, Montpellier et le Midi (8 à 10 wagons par jour) ;

Train 4.809, partant à 14 h. 30, et le train 4.805, à 18 heures, acheminant les wagons à destination de Marseille et du Littoral (2 à 3 par jour).

Tous ces trains sont composés de wagons freinés à grande vitesse et de grands wagons américains.

MODES DE VENTE

En général, les expéditeurs de Châteaurenard préfèrent à la vente ferme, la vente à la commission. On sait en quoi consistent ces deux modes de vente : la vente à la commission consiste, pour l'expéditeur, à envoyer ses marchandises à un « commissionnaire » qui se charge de leur écoulement moyennant un certain pourcentage sur le prix réalisé ; tandis que dans la vente ferme, l'expéditeur s'entend sur le prix avec l'acheteur (ordinairement maisons de gros, hôtels, etc...) et après accord, envoie sa marchandise contre remboursement.

La vente ferme est de beaucoup plus sûre que la vente à la commission. Si le client est solvable, elle ne présente aucun danger et le prix fixé est ordinairement raisonnable et avantageux pour les deux parties.

La vente à la commission est plus hasardeuse : c'est en quelque sorte un jeu comme la Bourse, et l'on cherche, par l'intermédiaire du commissionnaire, à profiter des cours les plus hauts pratiqués sur le marché. Et, il faut bien l'avouer, en général, les expéditeurs de Châteaurenard sont joueurs. Qu'ils écoulent leurs produits sur les marchés de Paris, de Lyon, de Saint-Etienne, et même à l'étranger, ils s'adressent à des commissionnaires et tentent la chance. Malheureusement, le sort a bien plus de mauvais coups qu'il n'en a de bons, et il semble que bien des expéditeurs, s'ils s'y étaient pris plus sagement, pourraient aujourd'hui avoir triplé ou quadruplé leur capital.

IV. — **Débouchés**

Marchés français

Les principaux marchés français de consommation où s'écoulent les primeurs de Châteaurenard sont Lyon, Saint-Etienne et Paris. Mais Châteaurenard expédie en général un peu dans toute la France, et plus particulièrement en Alsace-Lorraine.

Paris n'est pas, pour Châteaurenard, un débouché très important, comme on pourrait le croire de prime abord. D'après certains expéditeurs même, les Halles Centrales ne feraient qu'absorber le surplus de la production normale de la plaine et constitueraient en quelque sorte un trop-plein de régulation.

Certains expéditeurs expédient cependant plus facilement aux Halles, étant en relation avec un mandataire et estimant que la vente y est plus facile et plus productive.

Beaucoup d'expéditions pour Paris sont adressées à des maisons d'approvisionnement et de commission libres, situées en grand nombre, non loin des Halles Centrales, et qui vendent des denrées agricoles soit pour leur propre compte, soit pour celui des expéditeurs. Les produits échappent ainsi aux charges fiscales qui pèsent sur les ventes aux Halles : la loi du 11 juin 1896 et le décret d'octobre 1907 ne s'appliquant pas à des commerçants, leurs opérations ne sont soumises à aucun contrôle administratif. La vente à la commission dans ce cas présente un grave inconvénient : sur la foi d'un télégramme indiquant un cours élevé, l'expéditeur peut envoyer sa marchandise, qui ne lui sera plus payée qu'à un prix dérisoire. L'expéditeur, de plus, n'a aucun recours contre son commissionnaire.

Il est difficile d'apprécier le mouvement d'affaires traitées ainsi en dehors des Halles. Il paraît, depuis plusieurs années, avoir pris une extension considérable.

Lyon et Saint-Etienne sont les deux marchés de consommation français les plus importants pour Châteaurenard : moins éloignés que Paris, les frais de transport sont plus légers, les arrivages plus rapides. Et, comme l'on peut dire que la clientèle de ces deux villes n'est pas moins exigeante que celle de Paris, les ventes y sont tout aussi intéressantes, sinon plus.

Les marchés d'Alsace-Lorraine ont pris une importance considérable depuis la fin de la grande guerre. Libres enfin, et libérés de tous droits dans leurs négociations avec le reste de la France, puisque provinces françaises aujourd'hui, ces deux pays ont fourni aux expéditeurs de Châteaurenard des débouchés importants qui absorbent actuellement près du quart de la production de la plaine.

Marchés étrangers

L'exportation, à l'heure actuelle, grâce à la forte propagande faite en sa faveur, est envisagée comme de plus en plus intéressante par les expéditeurs de Châteaurenard. Mais encore trop peu pratiquée, elle peut être accrue sans porter pour cela préjudice aux intérêts français.

1° MARCHÉ ANGLAIS

La Grande-Bretagne est, de tous les pays étrangers, celui qui offre le champ le plus vaste à l'activité des exportateurs de nos primeurs.

La plupart des villes britanniques possèdent des marchés couverts qui sont souvent des propriétés privées. Aussi l'organisation intérieure de ces marchés est chose très variable et assez mal connue. C'est ainsi que le « Covent Garden Market », le grand marché aux fruits et légumes de Londres, est la propriété du duc de Bedford ; que le « Riverside Quay Market » de Hull, sur les bords du Humber, appartient à la Compagnie anglaise du Chemin de fer du Nord-Est, etc...

C'est au « Covent Garden Market » de Londres que s'expédient la plupart des primeurs françaises. Les transactions s'y effectuent par l'intermédiaire de maisons de commission. Chaque colis qui entrait dans un pavillon supportait, avant la guerre, une taxe de 0 fr. 10, taxe qui doit aujourd'hui être bien augmentée.

Les produits étrangers peuvent être vendus à la criée au « Floral Hall ». Les adjudications se font sur simple présentation de quelques colis pris comme échantillons dans l'envoi total. Il n'est pas publié de cours officiels des prix atteints sur le marché, et l'envoyeur ne peut contrôler ainsi la vente de ses marchandises. Tout contrôle des opérations est illusoire, à moins de posséder un représentant sur place, ce qui est exceptionnel et coûteux. Aussi l'exportateur doit-il avoir la plus grande confiance en ceux avec qui il traite ; et il vaut mieux pour lui qu'il s'adresse à des maisons de commission importantes et très honorablement connues, dont le taux de commission sera peut-être plus élevé, mais qui réalisent le maximum de sécurité pour l'expéditeur.

Les expéditions pour l'Angleterre se font de deux manières : par trafic direct et par trafic scindé.

Dans le trafic direct, la compagnie anglaise de la « South Eastern et Chatam Railway » prend à Boulogne, dans son bateau, les colis apportés à quai par les chemins de fer français, les dépose à Folkestone, où elle les charge dans ses wagons qui, aussitôt, les transportent à Londres (Gravel Lane Station). Des camions les distribuent alors aux marchés de Covent Garden, de Spitalfields et de Borough.

Dans le trafic scindé, la compagnie Benett prend dans ses bateaux les colis apportés à quai par les chemins de fer français et les transporte par mer de Boulogne à Londres (Victoria Warf). Des bateaux de cette compagnie font également le service de Hull. Les expéditions par trafic scindé doivent toujours se faire par transitaire.

Ces deux modes d'expédition, qui présentent chacun leurs avantages et leurs inconvénients, sont employés indifféremment par les exportateurs.

Quant aux droits de douane, les primeurs en sont exempts à leur entrée en Angleterre. Les légumes frais supportent seulement, à la sortie de France, un droit spécial de 5 % *ad valorem,* droit perçu d'ailleurs pour l'exportation des légumes pour tous les pays.

2° MARCHÉ ALLEMAND

L'Allemagne était et restera un très gros marché pour nos fruits et nos primeurs, grâce à la puissance d'absorption de ce pays, dont la population augmente sans cesse, et chez lequel les questions d'alimentation et de bien-être jouent un très grand rôle.

Mais l'entente avec ce pays au sujet des droits de douane n'est pas définitivement réalisée. L'année dernière, des droits excessifs interdisaient presque l'entrée de l'Allemagne à nos primeurs du Midi.

En attendant la conclusion d'un traité commercial définitif, le gouvernement français et le gouvernement allemand ont conclu, le 26 février 1926, un arrangement devant prendre fin au 30 juin 1926. Voici, d'après le texte même de cet arrangement commercial, les avantages et les nouveaux droits de douane qui nous sont concédés :

ARTICLE PREMIER. — Les produits naturels ou fabriqués du territoire français, énumérés à la liste A ci-annexée, bénéficieront à leur importation sur le territoire allemand des droits les plus favorables que l'Allemagne accorde ou pourrait accorder, pour les mêmes produits, à toute puissance tierce.

Sans préjudice des dispositions de l'alinéa précédent, les champignons frais, les aubergines fraîches, oranges et mandarines fraîches, amandes fraîches et les dattes bénéficieront, pour la durée du présent arrangement, des droits conventionnels fixés à la dite liste A.

. . . .

ARTICLE 7. — Les avantages accordés par le présent arrangement aux produits naturels ou fabriqués énumérés à la liste A seront valables pour une période de trois mois à partir de la mise en vigueur du présent arrangement.

La liste A comporte les droits suivants pour les fruits et légumes (pouvant être expédiés de Châteaurenard) :

	RÉGIME APPLICABLE		
	Droits de la nation la plus favorisée	Droits conventionnels	Contingents pr la durée de l'accord
	—	—	—
		marks	quintaux
Pommes de terre....	d°		
Légumes frais :			
Champignons		25	27.000 poids brut
Aubergines		4	
Autres légumes....	d°		
Raisins de table frais	d°		
Oranges		3,25	

Voici, pour les principaux légumes, les droits actuels des nations les plus favorisées, applicables à la France :

	Droits par 100 kg marks-or
Tomates (en caisses pesant, poids brut, jusqu'à 5 kgs inclus) :	
Dans la période du 1er mai au 30 juin.....	12
Du 1er mars au 30 avril 1926.............	2

	Droits par 100 kg marks-or
Du 1er mai au 18 mai 1926	1,50
Du 18 mai au 15 juin	2
Du 16 juin au 30 juin	1,50
Salade pommée	7
Artichauts	2
Melons	3
Asperges, dans la période du 1er avril au 30 juin	10
Pois, dans la période du 16 avril au 30 juin	5
Haricots, dans la période du 1er mai au 30 juin	4
La plupart des autres légumes	6
Pommes, poires, coings, non emballés	exempts
Pommes, poires, coings, emballés	10
Abricots, pêches	8
Prunes, cerises	6
Autres fruits comestibles à noyau ou à pépins non dénommés ci-dessus	exempts
Fraises	20

Comme intermédiaire dans son commerce avec l'Allemagne, le producteur a recours aux commissionnaires et aux maisons de gros. Les commissionnaires ne sont assujettis à aucun contrôle, et l'expéditeur doit s'entendre au préalable sur tous les frais de vente (taux de commission, nature et montant des autres frais) avec eux, et vérifier autant que possible les ventes, s'il ne veut pas risquer des pertes souvent importantes.

Les commissionnaires allemands opèrent également pour leur propre compte : dans ce cas, les ventes sont dites fermes, mais comme nous l'avons déjà signalé, ces ventes ne jouissent que de peu de faveur à Châteaurenard, d'autant plus que leur intérêt est moindre.

Quelquefois, les maisons allemandes ont des représentants en France, qui drainent nos produits sur nos marchés pour les expédier ensuite sur les marchés allemands. Il serait à souhaiter que ce soit nos expéditeurs eux-mêmes qui s'occupent de ces envois, de manière à réaliser les bénéfices procurés aux maisons allemandes par leurs représentants.

3° MARCHÉ RUSSE

Le commerce des primeurs avec la Russie, si prospère avant la guerre, a beaucoup diminué à la suite de la révolution qui a bouleversé ce pays.

Actuellement, les négociations tendent à reprendre ; et il est intéressant de signaler la réglementation du commerce extérieur en vigueur dans l'Union des Républiques Socialistes Soviétiques (1).

Le commerce extérieur en Russie constitue un monopole d'Etat, tant pour l'exportation que pour l'importation. A ce point de vue, la situation en Russie est donc absolument différente de ce qu'elle est dans les autres pays.

Vniechtorg

Le monopole du commerce extérieur est assuré par le commissariat du commerce extérieur, dit « Vniechtorg », dans le siège est à Moscou. C'est le Vniechtorg qui délivre aux organes de l'Etat, aux sociétés, aux particuliers, les licences nécessaires

(1) Renseignements communiqués par l'Office National du Commerce extérieur, à Paris.

pour chaque opération d'achat ou de vente à l'étranger, cela dans les limites imposées par les programmes du « Gosplan » (commission gouvernementale pour le plan économique).

Les organes du Vniechtorg à l'étranger sont les délégations commerciales près les ambassades soviétiques (délégations dirigées par un représentant commercial dit « torgpred »), ou, en Angleterre, la société semi-officielle « Arcos ».

Le Gostorg

Le Vniechtorg est un organe purement administratif, qui s'occupe exclusivement de la réglementation et du contrôle du commerce extérieur. Il délègue ses fonctions commerciales au « Gostorg » (office commercial d'Etat pour l'importation et l'exportation près le commissariat du commerce extérieur).

Le « Gostorg » achète sur le marché intérieur les matières premières exportables et les vend à l'étranger pour le compte des organismes d'Etat ou de certains grands groupements coopératifs. En outre, il achète à l'étranger les produits qui lui sont demandés par ces institutions.

Les organes indépendants

Certains organes officiels ou semi-officiels dont la liste est établie par le « Sto » (conseil du travail et de la défense) ont une licence permanente pour effectuer des opérations d'importation et d'exportation à l'étranger par leurs propres agents et sans passer par le « Gostorg », mais dans les limites imposées par le « Gosplan », et sous le contrôle des représentations commerciales à l'étranger.

Tout organe d'Etat ou coopératif, et même tout commerçant privé, peut acheter des matières premières à l'intérieur du pays, mais les exportations se font ou par le « Gostorg » ou par les organes indépendants.

Le Centrosoyouz

L'Union Centrale des Coopératives russes de consommation, dite « centrosoyouz », constitue, par l'étendue des opérations qu'elle effectue à l'étranger, le plus important de ces groupements indépendants. Le « Centrosoyouz » vend presque exclusivement des produits agricoles et achète surtout des produits alimentaires et des articles nécessaires au développement de l'agriculture.

Toute maison étrangère peut obtenir une commande soit d'une délégation commerciale à l'étranger pour le compte d'un organisme russe, soit directement d'un organisme qui a des représentants à l'étranger.

Cependant, pour exercer une activité commerciale continue en Russie, la maison étrangère devra recourir à un des quatre moyens suivants :

1° La fondation d'une société mixte ;
2° L'obtention d'une licence commerciale ;
3° La signature d'un contrat spécial ;
4° Un dépôt de marchandises en consignation.

1° *Sociétés mixtes.* — Les organes d'Etat peuvent fonder, avec l'aide de capitaux étrangers, des sociétés mixtes pour s'occuper soit de commerce en général, soit d'une branche spéciale de commerce, soit encore pour effectuer certaines opérations déterminées. Le capital des sociétés mixtes est fourni, à parts égales, par le gouvernement russe et les capitalistes étrangers. Le conseil d'administration est composé par moitié de Russes et d'étrangers.

La création d'une société mixte ne peut être recommandée qu'à un groupement financier puissant, le gouvernement soviétique exigeant que ce groupement soit à même d'ouvrir, pour l'achat de marchandises, des crédits importants.

2° *Les licences commerciales.* — Les licences commerciales sont accordées à des firmes étrangères pour leur permettre d'avoir en Russie des succursales et des représentants. Le nombre des licences accordées jusqu'à présent est très peu considérable.

3° *Les contrats spéciaux.* — Des firmes étrangères peuvent, dans certaines conditions, obtenir du « Vniechtorg », par un contrat spécial, le droit de servir d'intermédiaire entre le marché russe et le marché étranger, soit pour l'importation, soit pour l'exportation. Le « Vniechtorg » se réserve un certain pourcentage sur les bénéfices.

4° *Les dépôts en consignation.* — Une firme étrangère peut déposer auprès d'un des organes économiques de l'Etat des marchandises en consignation. La marchandise doit être livrée franco frontière russe. Si elle n'est pas vendue dans un délai fixé, elle peut être retournée par l'organe soviétique jusqu'à la frontière russe. Indépendamment du prix auquel la marchandise aura été vendue, le dépositaire ne paie que le prix indiqué sur la facture.

Ce moyen ne peut être employé pour des marchandises périssables comme le sont les primeurs.

Le mieux serait de posséder une licence commerciale, et il est malheureux qu'il n'en soit accordé qu'un nombre très restreint.

Tarifs douaniers

Les tarifs douaniers de la Russie soviétique ont été établis sur la base de ceux de la Russie impériale, avec cette différence que les articles de luxe sont taxés beaucoup plus fortement, et que certains produits nécessaires à l'industrie entrent en franchise.

Voici les tarifs en vigueur actuellement pour les légumes et primeurs que l'on pourrait exporter de Châteaurenard, calculés en roubles-or (un rouble-or : 15 francs) :

	100 K. BRUT
Légumes non spécialement dénommés, frais	5 roubles
Légumes salés ou trempés de toute espèce, en récipients non hermétiquement clos..	6 »
Légumes séchés pour la consommation....	9 »

Artichauts, asperges, choux-fleurs, choux de Bruxelles, petits pois, haricots et fèves frais, salades, épinards, melons d'eau et melons frais, trempés ou séchés.........	43	»
Fruits et baies : frais, trempés et autres de toute espèce, non spécialement dénommés	30	»
Pêches, abricots et raisin frais............	74	»
Fruits et baies secs de toute espèce, tels que figues, dattes, raisin, etc., non sucrés.....	74	»

Autres marchés étrangers

BELGIQUE

La vente des denrées agricoles en Belgique se fait généralement par l'intermédiaire de maisons de commission libre dont le contrôle est souvent peu sérieux. Il est donc important de prendre des renseignements précis sur la valeur des maisons avec lesquelles on désire traiter. Nos débouchés en Belgique pourraient devenir plus importants si les droits de douane qui frappent nos produits en vue de protéger les fruits des forceries belges pouvaient être abaissés.

Voici les droits de douane auxquels sont assujettis les légumes ou fruits frais pouvant être expédiés de Châteaurenard :

	DROITS PAR 100 K.
Artichauts, aubergines....................	50 fr.
Pommes de terre :	
a) Importées avant le 1er juin et provenant manifestement de la récolte de l'année en cours..................	3 fr.
b) Autres............................	exemptes

	DROITS PAR 100 K.
Légumes frais :	
a) Asperges :	
1° Importées du 1er décembre au 30 avril	50 fr.
2° Importées pendant les autres périodes	exemptes
b) Chicorée dite Witloof	exempte
c) Choux-fleurs :	
1° Importés du 1er décembre au 30 avril	50 fr.
2° Importés pendant les autres périodes	exempts
d) Choux autres de toutes espèces	exempts
e) Petits pois :	
1° Importés du 1er janvier au 31 mai	20 fr.
2° Importés pendant les autres périodes	exempts
f) Haricots :	
1° Importés du 1er novembre au 15 juin	20 fr.
2° Importés pendant les autres périodes	exempts
g) Autres légumes frais à cosse	exempts
h) Scaroles, endives, chicorées frisées, laitues et carottes en bottes :	
1° Importées du 1er novembre au 31 mars	20 fr.
2° Importées pendant les autres périodes	exemptes
i) Tomates :	
1° Importées du 1er décembre au 15 juillet	20 fr.
2° Importées pendant les autres périodes	exemptes

	DROITS PAR 100 K.
j) Non dénommés	exempts
Abricots frais :	
1° Importés du 1er novembre au 30 juin (poids brut)	120 fr.
2° Importés pendant les autres périodes.	60 fr.
Cerises et griottes fraîches :	
1° Importées du 1er novembre au 15 juin.	120 fr.
2° Importées pendant les autres périodes	30 fr.
Fraises :	
1° Importées du 1er novembre au 10 juin (poids brut)	120 fr.
2° Importées pendant les autres périodes.	30 fr.
Melons	50 fr.
Pêches :	
1° Importées du 1er novembre au 30 juin (poids brut)	120 fr.
2° Importées pendant les autres périodes (poids brut)	60 fr.
Poires fraîches :	
1° Importées en caisses, caissettes, boîtes, paniers ou autres emballages d'un poids de 20 kgs au moins (1).......	100 fr.
2° Importées autrement	12 fr.
Pommes fraîches :	
1° Importées en caisses, caissettes, boîtes, paniers ou autres emballages d'un poids de 20 kgs ou moins (1).......	100 fr.
2° Importées en vrac..................	3 fr.
3° Importées autrement	5 fr.
Raisins frais non écrasés (poids brut).....	120 fr.

Taxe de transmission : 1 % de la valeur dédouanée

(1) Rentrent aussi dans cette catégorie, les pommes importées en caisses, caissettes, etc., d'un poids supérieur à 20 kilos, lorsque ces récipients comportent des divisions intérieures, ou lorsque les fruits sont enveloppés de papier ou d'une autre matière protectrice.

SUISSE

La Suisse est un excellent débouché pour nos légumes et fruits, car ce pays ne demande pas spécialement des produits de primeur et de premier choix ; il achète surtout au plus fort de la production.

Les transactions se font avec des marchands de gros achetant « ferme ». Les prix sont fixés gare « départ ». Les fruits les plus demandés sont : les raisins noirs et les chasselas, les cerises, les pêches, les fraises. Tous les légumes de saison peuvent être exportés en Suisse.

Le tarif douanier de la Suisse pour nos principaux produits est le suivant :

	Droits en francs suisses pr 100 k bruts	Tare additionnelle en o/o du poids net
Fruits et baies comestibles frais, autrement emballés qu'à découvert ou en sacs :		
a) Abricots, pommes, poires.....	5	10
b) Autres	10	10
Raisins frais de table :		
a) En colis postaux affranchis jusqu'à 5 kgs brut..........	5	
b) En petits paquets, caisses, boîtes ou paniers d'un poids non supérieur à 5 kgs, réunis ou non en cageots ou fardeaux de 4 à 10, avec enveloppe de papier ou toile, même en wagons complets..	10	20
c) En barils de chêne d'un poids non supérieur à 10 kgs brut.	10	
d) Autres	15	20

	Droits en francs suisses p^r 100 k. bruts
Légumes frais :	
a) Choux, carottes jaunes, oignons comestibles	3
b) Tomates	5
c) Autres, y compris les artichauts, asperges, cornichons, haricots, pois verts.........	10
Céleri, champignons, choux-fleurs, melons de tout genre, poireaux, salades vertes, etc. : frais	exempts

PAYS-BAS

La vente s'y pratique de la même façon qu'en Belgique. Comme le contrôle des ventes y est également peu facile, il faut prendre tous renseignements désirables sur les maisons avec lesquelles on désire traiter.

Les droits de douane pour les Pays-Bas sont en général de 8 % *ad valorem* pour les fruits frais et légumes. A ce droit vient s'ajouter un droit de statistique de 1 0/00 *ad valorem*.

Quatrième Partie

DÉVELOPPEMENT ÉCONOMIQUE

I. — **Education des producteurs**

L'éducation des producteurs et aussi celle des expéditeurs est le but poursuivi plus spécialement par le service agricole de la Compagnie P.-L.-M., service important qui dirigea ses premiers efforts « sur un nombre limité de cultures spéciales » et dont le choix se porta sur les cultures fruitières et maraîchères qui occupent une très large place sur son réseau.

La plaine de Châteaurenard a profité et doit encore profiter des services que peut lui rendre la compagnie P.-L.-M., services d'ordre technique ou bien d'ordre commercial.

Les études techniques de la Compagnie ont visé plusieurs points importants, mais, entre autres, l'éducation des producteurs, point qui comporte le plus d'utilité pour la plaine de Châteaurenard. Cette éducation se fait par des conférences, des missions d'études, des publications agricoles et par la participation de la Compagnie aux divers congrès agricoles.

Quant aux études commerciales, disons tout de suite que la Compagnie P.-L.-M. s'est efforcée de faciliter les débouchés offerts aux produits du sol, qu'elle renseigne les expéditeurs sur les goûts de la clientèle étrangère, le choix des emballages, etc...

Enfin, la Compagnie assure et surveille la liaison entre les Halles Centrales de Paris et la gare d'arrivée, et remédie de son mieux à tout défaut signalé par un inspecteur chargé de suivre le fonctionnement des divers organes de livraison.

Conférences

Signalons l'utilité des conférences faites dans des centres judicieusement choisis, et malheureusement trop peu écoutées des agriculteurs de la région.

La Compagnie P.-L.-M. organise fréquemment des conférences à la fois théoriques et pratiques, où sont passées en revue toutes les questions susceptibles d'intéresser les expéditeurs et les agriculteurs. Des renseignements précis sont donnés à ces derniers sur la préparation du sol, la taille, le greffage, la lutte contre les parasites, l'emballage et la vente des produits, etc... La Compagnie P.-L.-M., de plus, distribue des notices succinctes résumant les points essentiels de l'enseignement. De 1913 à 1924, plus de cent conférences ont été organisées ainsi dans les milieux horticoles. Il faut souhaiter que ces conférences aillent en s'augmentant, et que Châteaurenard ait plus souvent l'occasion de recevoir et d'écouter les conférenciers envoyés par la Compagnie P.-L.-M.

Missions d'études

Pour compléter l'éducation professionnelle des producteurs touchés par son enseignement, la Compagnie P.-L.-M. a organisé des voyages d'études destinés à leur montrer des exploitations remarquables par leur bonne tenue.

Signalons seulement, pour la région qui nous intéresse : en 1923, la mission des agriculteurs alsaciens et lorrains aux centres de culture maraîchère de la vallée du Rhône, avec le concours du journal *le Matin ;* la mission en Angleterre des producteurs et expéditeurs du réseau, avec le concours de l'Union des Syndicats agricoles des Alpes et de Provence, et de l'Union du Sud-Est.

En 1924, la mission des producteurs et expéditeurs de fruits en Alsace-Lorraine.

En 1925, la mission en France des importateurs anglais.

Ces voyages, pleins d'attraits pour les producteurs, constituent l'une des formes les plus efficaces de l'enseignement. Ils se poursuivront certainement dans l'avenir, sur une grande échelle.

Publication de notices agricoles

Pour assurer la diffusion dans les campagnes des nombreux conseils pratiques donnés par le Service agricole dans ses conférences, la Compagnie P.-L.-M. a entrepris la publication et la distribution gratuite de brochures, rédigées sous une forme simple et concise, qui composent une série intitulée : « Publications agricoles de la Compagnie P.-L.-M. »

Citons plus particulièrement : « Petit manuel de culture potagère », « Exportation des fruits et légumes frais en Angleterre », « Quelques conseils pratiques sur le traitement des maladies et insectes des arbres fruitiers », etc...

Espérons que ces brochures se répandront de plus en plus dans la plaine de Châteaurenard, pour le plus grand bien de tous les producteurs.

II. — **Amélioration des transports**

Les compagnies de chemins de fer ont déjà réalisé, au point de vue des transports de primeurs, de sérieuses améliorations : application de tarifs communs entre divers réseaux, création de trains spéciaux, à marche rapide, etc... Il reste encore bien des lacunes à combler, mais on peut dire que les producteurs ont rencontré beaucoup de facilités de la part des compagnies, et plus particulièrement de la Compagnie P.-L.-M., qui dessert notre région, pour améliorer ces transports.

Quoique des abaissements notables de prix aient été obtenus pour les primeurs, les tarifs actuellement en vigueur élèvent encore trop les prix de revient, et il serait à désirer que ces tarifs soient réduits le plus possible, surtout pour les agriculteurs expédiant des marchandises groupées par eux. Un semblable tarif de faveur ne pourrait qu'exciter les agriculteurs à se réunir et peut-être serait-ce là le point de départ d'une coopérative de vente.

La manutention des primeurs demandant un soin extrême, serait également à surveiller. A ce point de vue, l'Angleterre peut nous servir de modèle : de vastes hangars sont aménagés près des quais de débarquement, où les primeurs peuvent être rangés sans avoir à craindre la moindre détérioration, particulièrement au port de Hull. Il existe trop peu, en France, de ces quais de débarquement, les primeurs subissent souvent, pendant le déchargement ou à leur livraison, quelquefois trop peu rapide, des dégâts préjudiciables.

Des essais de transports frigorifiques ont été tentés sur le réseau P.-L.-M. en 1925, qui ont démontré la nécessité d'améliorer la technique de ces transports. Cette question peut être intéressante pour le transport des fruits et légumes à longue distance, et souhaitons que son étude en soit poursuivie et aboutisse à d'heureux résultats.

Enfin, espérons que les compagnies ne se désintéresseront pas de ces questions importantes qui chargent parfois si lourdement les prix de vente au consommateur et qu'elles parviendront à donner satisfaction à tous les producteurs.

III. — **Extension de l'exportation**

L'exportation ne fait pas monter, en France, le coût de la vie, comme certains le prétendent. Car il faut remarquer que l'exportation a lieu surtout pour les fruits de luxe ou les primeurs d'un prix élevé. Lorsque la qualité des produits baisse ou que leur prix arrive à la portée de toutes les bourses moyennes, ils ne peuvent plus être exportés économiquement et, par conséquent, se répandent sur tous les marchés français. Aussi doit-on s'efforcer d'accroître nos exportations qui, loin de nuire à nos intérêts, leur seront favorables : certains produits vendus à un prix moyen à Paris atteindront un prix de vente beaucoup plus élevé à Londres, par exemple, où ils sont moins répandus.

A quelles conditions devons-nous nous soumettre pour améliorer nos exportations ?

1° Il faut exporter, selon le goût de l'étranger : c'est là la condition première. Ainsi, il est inutile d'exporter en Angleterre de notre raisin à grains fins, l'Angleterre n'aimant que le raisin à gros grains, dit « Muscat ». Il faut donc se conformer aux exigences de la clientèle étrangère sans vouloir chercher à changer ses goûts : ce serait là peine perdue.

2° La présentation doit être parfaite. Les emballages doivent être choisis avec soin pour donner une bonne impression aux clients.

De plus, la qualité des produits doit toujours être supérieure ; la marchandise, selon les termes des contrats, doit être « saine, loyale et marchande ».

Ne pas chercher à tromper la clientèle en cachant au fond du panier, sous une belle rangée de fruits, des produits de qualité inférieure. Trompé une fois, l'étranger ne voudra pas l'être deux, et abandonnera nos produits.

3° La régularité dans la fourniture doit être constante ; si l'étranger trouve un produit à son goût, il faut pouvoir, à sa demande, lui en fournir à nouveau, sans arrêt, sans défaillance. Autant qu'il est possible, les produits doivent être suivis.

4° Dans l'exportation, le crédit est obligatoire et l'expéditeur ne peut pas exiger d'être payé immédiatement. Cette notion du crédit est peu admise, en général, des agriculteurs, qui veulent argent comptant. Dans ces conditions, l'exportation ne saurait réussir, à moins qu'un intermédiaire quelconque (expéditeur ou coopérative de vente), ne s'interpose entre le producteur qu'il paiera comptant, et l'étranger, à qui il fera crédit, après avoir eu soin, naturellement, de majorer les prix de vente, proportionnellement au crédit accordé.

5° Les transports doivent être rapides et sûrs. Nous avons vu plus haut ce qui était fait et ce qui restait à faire à ce point de vue.

6° Il faut également savoir vendre ou faire vendre ses produits, dans les meilleures conditions possibles, par le choix des meilleurs marchés et des commissionnaires les plus sûrs.

Un agriculteur isolé ne peut pas, lui-même, réaliser toutes ces conditions. Il n'en a ni les possibilités ni les moyens. Il lui faut donc, ou bien :

1° S'adresser à un intermédiaire ; dans ce cas, c'est cet intermédiaire qui prendra tous les bénéfices de la vente ;

2° Ou bien se syndiquer en coopérative de vente, par exemple. C'est ce que nous allons essayer d'étudier dans le paragraphe suivant.

IV. — **Fondation d'une Coopérative de Vente**

Une des plus grandes améliorations que l'on puisse apporter au commerce de la plaine de Châteaurenard est sans contredit la fondation d'une coopérative de vente.

L'idéal serait que cette coopérative soit fondée par les producteurs eux-mêmes, ce qui supprimerait un intermédiaire et, par conséquent, ferait réaliser aux membres de l'association des bénéfices doubles : d'une part, bénéfices du producteur ; d'autre part, bénéfices de l'expéditeur.

Cette coopérative de vente peut être créée sur différents systèmes, entre autres ceux-ci :

1° La coopérative groupe les expéditeurs qui préparent individuellement les colis contrôlés ensuite par des administrateurs. Les colis sont expédiés et vendus par la coopérative, les adhérents reçoivent de cette dernière les produits des ventes.

2° Les produits de tous les adhérents sont mis en commun, triés, emballés, puis vendus par la coopérative, qui répartit ensuite le prix des ventes entre ses membres, au prorata de l'apport de chacun d'eux.

3° La coopérative achète à ses membres, prépare les colis, les expédie et les vend. Les bénéfices réalisés sont répartis sous forme de ristourne entre tous les adhérents.

Mais, en pratique, la fondation d'une telle coopérative paraît bien difficile. Le producteur qui possède, à l'heure actuelle, son bien-être, n'est pas tenté d'augmenter ses gains en s'associant avec ses voisins, d'autant plus qu'il doute de cette augmentation de gain. Tout d'abord, il se méfiera du fondateur, du novateur qui essaiera de poser la base d'une coopérative de vente et, à moins que celui-ci ne soit bien connu dans la région et inspire à tous une confiance illimitée, le cultivateur ne voudra pas s'engager dans une association qui lui paraît douteuse, ou qu'il croira faite pour le dépouiller.

Si même nous supposons la coopérative fondée, la bonne harmonie ne tardera pas à être rompue entre les cultivateurs se méfiant les uns des autres et se croyant continuellement lésés au profit de leurs voisins. De plus, les expéditeurs, souvent divisés lorsqu'il s'agit d'intérêts personnels, sauront se grouper pour défendre leurs intérêts communs : ils exploiteront la méfiance du cultivateur, ils jetteront le trouble dans la coopérative par des baisses factices sur les marchés de vente, et finiront toujours par ramener à eux la plus grande partie de leur ancienne clientèle.

Alors que dans les syndicats d'approvisionnement, le cultivateur voit son intérêt immédiat, — tel objet s'y vend 10 et 15 % moins cher que dans le commerce — et est attiré par de telles associations, dans la coopérative de vente, au contraire, le cultivateur n'envisage pas l'avenir, et les gains immédiats étant peu élevés, puisque l'organisme est faible au début de son fonctionnement, il refusera de participer à la coopérative. Enfin, la dispersion des producteurs dans toute la plaine rend encore plus difficile la liaison entre eux et est un obstacle de plus à la fondation d'une coopérative de vente des producteurs.

Le meilleur moyen pourtant de réaliser cette fondation serait de grouper, comme cela vient de se faire à Avignon, à l'instigation du Directeur des Services agricoles du Vaucluse, huit à dix producteurs seulement au début. Ce groupement devant faire « boule de neige » peut s'accroître petit à petit et devenir une coopérative importante, maîtresse du marché.

Mais l'on voit encore ici les nombreux obstacles qui se dressent : concurrence des expéditeurs ligués contre la coopérative, faibles moyens d'action de cette dernière, etc...

Il serait certes plus aisé de fonder une coopérative groupant non plus les producteurs, mais les expéditeurs de Châteaurenard. Mais alors nous avons à faire à une société anonyme réunissant des commerçants pour réaliser des bénéfices, et non plus à une coopérative agricole.

Cette fondation d'une société anonyme a déjà été envisagée par M. Stingues, directeur de l' « Avenir Commercial » de Châteaurenard, en 1920.

Dans son projet, M. Stingues proposait à chaque expéditeur un nombre d'actions en rapport avec son chiffre d'affaires. Les actionnaires pouvaient fournir leur travail, qui leur aurait été rémunéré par la société. En fin d'année, les bénéfices devaient être répartis sous forme de dividendes entre tous les actionnaires. Ce projet, faute d'entente parmi les expéditeurs, n'a pu être mis à exécution. Et pourtant ceux-ci auraient pu profiter ainsi des avantages relatifs à une coopérative agricole de vente. Il serait même à craindre pour les expéditeurs actuels la formation d'une société avec un gros capital qui s'empa'rerait du marché de Châteaurenard et arriverait à couler tous les expéditeurs, en achetant au début tous les produits du marché à un prix excessif, quitte à en offrir un prix dérisoire lorsqu'elle serait seule acheteur.

Passons maintenant en revue les principaux avantages d'une coopérative de vente : les gains qu'elle pourrait procurer, les pertes qu'elle pourrait éviter.

Ces avantages sont :

1° Diminution des frais généraux

En général, on peut dire que toutes proportions gardées, les frais généraux diminuent au fur et à mesure de l'accroissement du travail. En particulier, la main-d'œuvre est moins grande pour une coopérative groupant 100 expéditeurs, par exemple, que pour 100 expéditeurs différents, travaillant isolément. Cette question n'est pas d'un intérêt négligeable, aujourd'hui où la main-d'œuvre est si chère et si rare.

Le taux des assurances serait inférieur, les loyers des remises, bureaux, magasins, également, car tous les services de chacun des expéditeurs seraient groupés et l'emplacement en serait considérablement réduit.

Enfin, le nombre important de télégrammes journaliers venant de tous les marchés de vente, et signalant les cours, serait notablement diminué, puisque seule la coopérative aurait besoin d'être informée rapidement, alors qu'actuellement chacun des expéditeurs est avisé séparément. L'économie ainsi pratiquée serait sinon considérable, du moins appréciable, et mérite la peine d'être envisagée.

2° Mauvaises créances

A Châteaurenard, les mauvaises créances se montent annuellement à 300.000 francs. Cette perte sèche s'explique assez facilement : l'individu de mauvaise foi peut tromper l'un après l'autre chacun des 120 expéditeurs. Avec une coopérative, au contraire, cet individu pourra réussir une fois, mais ce sera tout ; noté comme mauvais créancier, il ne lui sera plus fait d'expédition, et il sera rayé immédiatement de la liste des clients.

Cette question de mauvaises créances est d'autant plus importante que la confiance est nécessaire dans le commerce des primeurs : l'envoi contre remboursement même ne présente pas de sérieuses garanties pour l'expéditeur, les denrées étant périssables, si elles sont refusées à l'arrivée, elles ne peuvent être retournées. Dans ce cas, d'ordinaire, elles sont vendues le mieux possible à la gare d'arrivée ; mais cette vente « par raccroc » pourrait-on dire, se fait toujours à très bas prix, et, le plus souvent, c'est le client qui, en premier lieu, avait commandé cette marchandise, puis refusée à l'arrivée, qui la rachète à un prix inférieur à celui de la commande.

D'autre part, le paiement avant livraison ne peut être exigé : il ne serait accepté de personne.

Et, par conséquent, il semble que la fondation d'une coopérative éviterait toutes ces pertes préjudiciables à l'expéditeur, mais qui, en fin de compte, sont supportées par le producteur ou le consommateur, car l'expéditeur, en prévision de ces pertes, baisse ses prix d'achat ou élève ses prix de vente.

3° **Fabrication des emballages**

Actuellement, chaque expéditeur achète ses emballages à divers fabricants, dont beaucoup se sont installés à Châteaurenard. L'expéditeur ne peut pas songer à fabriquer lui-même, il n'en use pas assez pour le faire d'une manière économique.

En achetant au fabricant, l'expéditeur a l'avantage de se pourvoir d'emballages au fur et à mesure de ses besoins, sans jamais être encombré d'une trop grande réserve; cet avantage est réel, certes, mais il se paye.

Une coopérative pourrait s'adjoindre une annexe et fabriquer pour tous ses membres les emballages divers exigés pour les primeurs. Par ce moyen, on ferait un choix parmi les meilleurs emballages, à l'exclusion de tous les autres ; les expéditions ne pourraient qu'en être améliorées, et la vente aussi, naturellement.

Cette fabrication serait une économie dont profiteraient tous les membres de la coopérative.

L'achat des ficelles, papiers de couleur, etc..., en gros, constituerait une autre économie très importante.

4° **Amélioration des ventes**

C'est de la bonne réussite de la vente que dépendent en grande partie les bénéfices de l'expéditeur. Le hasard intervient en maître en cette matière, et la qualité des produits n'impose pas à l'acheteur un prix élevé et immuable. Cependant, l'expéditeur cherche et attend le moment favorable, où les marchandises étant plus rares atteignent un prix plus élevé ; il ne réussit pas toujours, étant isolé ; son chiffre d'affaires n'est pas assez important pour lui permettre d'avoir des représentants sur différents marchés.

La coopérative présenterait, au point de vue de la vente, de multiples avantages par suite de ses moyens d'action étendus et de ses ressources financières supérieures.

a) La coopérative pourrait avoir un représentant sur chacun des principaux marchés de vente, soit en France, soit à l'étranger. Le rôle de ce représentant est exclusivement important. Tout d'abord il renseigne la coopérative sur les besoins du marché et les cours qui y sont pratiqués. De cette manière, la coopérative rassemblant tous les renseignements venus de chacun des marchés peut répartir les marchandises au mieux de ses intérêts.

De plus, le représentant, s'il n'opère lui-même les ventes, peut les surveiller, surtout sur les marchés étrangers, où les moyens de contrôle sont quelquefois très difficiles.

Enfin, le représentant recherche les meilleurs acheteurs et peut arriver à obtenir les cours les plus hauts du marché.

b) La coopérative effectuerait un classement plus parfait de chacune des marchandises ; ses envois pouvant être très réguliers, seraient vite connus sur les marchés, et si la bonne qualité des produits restait invariable, ils seraient appréciés des consommateurs, recherchés et payés plus chers que les produits similaires, mais inférieurs.

Dans ces conditions, la coopérative aurait intérêt à déposer une « marque commerciale » pour distinguer ses produits et éviter toute concurrence déloyale. Cette marque étant connue, les ventes deviendraient alors faciles et, même, les vérifications pratiquées sur la plupart des marchés ne seraient plus exigées.

Enfin, la coopérative pourrait avoir recours aux diverses formes de publicité pour faire connaître ses produits : affiches, distribution de vignettes de couleur, dans le genre de celles que l'on voit apposées sur les caisses de fruits en provenance de Californie, par exemple, etc. Cette publicité est importante, les Anglais nous l'ont prouvé en votant un crédit de un million pour la publicité en faveur des légumes des colonies anglaises. Cette question ne doit pas être négligée.

c) Enfin, les coopératives de vente pourraient chercher à s'assurer d'importantes adjudications, soit pour l'armée, les prisons, etc., ce qui constituerait un débouché sûr pour les produits de second choix : produits ne pouvant être écoulés sur les marchés de vente et sous la marque commerciale de la coopérative, sans risquer de déprécier tous les envois.

5° Conservation et utilisation des produits non vendus

La conservation et l'utilisation des produits qui n'ont pu être écoulés immédiatement sont des questions importantes que ne peut envisager un expéditeur isolé, mais qu'une coopérative de vente pourrait étudier.

La conservation des légumes et des fruits peut se faire à l'aide d'entrepôts frigorifiques. Un entrepôt de ce genre a d'ailleurs été construit à Châteaurenard, mais il n'a pas donné les résultats qu'on en attendait, car bien trop petit pour être d'un secours utile : il ne pouvait pas stocker une assez grande quantité de primeurs. D'autre part, son emploi comme pré-réfrigérateur ne présente pas d'avantages.

La pré-réfrigération, qui consiste à réfrigérer les produits pour leur permettre par la suite de supporter un plus long voyage, ne pouvait s'appliquer qu'à un ou deux wagons de marchandises chaque jour. D'autre part, les transports étant rapides, puisque les plus grands parcours en France demandent pratiquement quarante-huit heures, les expéditeurs ont tout intérêt à expédier directement leurs produits sans pré-réfrigération.

Enfin, ne peuvent être frigorifiés que des produits très sains, les autres se gâtant rapidement et pouvant contaminer tous ceux qui se trouvent à leur voisinage. Un triage sérieux s'impose donc, qui augmente la main-d'œuvre, donc les frais.

Toutes ces raisons ont fait abandonner l'emploi du frigorifique, et, même à Lyon, un frigorifique de plus grande importance que celui de Châteaurenard n'a pas donné de meilleurs résultats.

Cependant, si les expéditeurs de Châteaurenard ou mieux, les producteurs des environs de Châteaurenard, étaient groupés en coopérative de vente, le frigorifique pourrait peut-être avoir son utilité (à condition toutefois qu'il soit assez vaste). En effet, la coopérative groupant une grande partie de la production de la plaine pourrait, les jours où les cours s'affaissent, garder dans le frigorifique une grande quantité de primeurs. De cette façon, les frais occasionnés par la réfrigération se répartiraient toujours sur un nombre important de produits et, pour chacun de ceux-ci, s'élèveraient par conséquent à un taux minime.

L'utilisation des produits non vendus pourrait être réalisée de plusieurs manières par une coopérative : transformation des légumes en juliennes de conserve, fabrication de conserves et séchage de fruits.

La transformation des légumes en juliennes de conserve a été réalisée en Amérique, et les quantités considérables de conserves ainsi faites ont trouvé un débouché facile dans l'armée. Cette transformation aurait l'avantage d'utiliser indistinctement tous les légumes qui n'ont pu être écoulés frais. L'installation nécessaire ne serait pas très onéreuse ; quant aux débouchés, soit dans l'armée, soit dans le commerce (et, dans ce cas, une forte réclame serait nécessaire), les produits pourraient trouver une vente facile.

La fabrication de conserve ou le séchage de fruits paraissent aussi avantageux pour l'utilisation des fruits au moment de la grosse production.

Mais de même que la transformation des légumes en juliennes, ces procédés ne doivent être employés que pour le surplus de la production, ou à des moment où les cours sont vraiment trop bas. Car il est évident que la vente d'un légume frais ou d'un fruit naturel, surtout s'ils sont de primeur, procurera, en général, des bénéfices plus importants.

Si même ils ne procuraient aucun bénéfice, ces procédés pourraient éviter une perte occasionnée par la mauvaise vent ou bien la non-vente.

6° Avantages divers

Enfin, la coopérative de vente peut avoir recours à la Caisse de Crédit agricole. Elle profite de certaines faveurs auprès de l'Etat, comme l'exonération d'impôts, par exemple. Elle peut également mieux défendre ses droits qu'un expéditeur isolé auprès des compagnies de chemins de fer, au sujet des tarifs douaniers, etc. D'ailleurs, notons qu'il existe à Châteaurenard un groupement, « l'Avenir commercial », institué en vue de la défense des intérêts des expéditeurs contre les chemins de fer, l'Etat, etc. Un organisme identique pourrait être créé dans une coopérative de vente.

En résumé, la coopérative de vente est plus apte que n'importe quel expéditeur isolé à réaliser les conditions d'une bonne exportation, conditions que nous avons énumérées plus haut, et à obtenir de toute vente, en France ou à l'étranger, les meilleurs résultats auxquels ont droit nos produits.

CONCLUSION

Cette petite étude, bien qu'imparfaite et incomplète, peut donner une idée de ce qu'est actuellement la plaine de Châteaurenard-Provence. Le résultat obtenu jusqu'alors est considérable. La culture n'abandonne pas un pouce de terrain et le marché de la ville est toujours alimenté abondamment.

Il est cependant un idéal, jamais atteint il est vrai, mais vers lequel on doit toujours tendre. Châteaurenard s'en est-il rapproché de beaucoup ? Oui, certes, mais il lui reste encore à faire. Et le développement qui s'imposerait à l'heure actuelle semblerait être le développement économique.

Nous avons vu dans ces quelques pages, par quels moyens on pourrait améliorer la situation économique des cultivateurs de Châteaurenard, et la conclusion qui s'impose est sans contredit la fondation d'une coopérative, bien difficile cependant à réaliser. Pourtant, des exemples sont sous nos yeux de la bonne marche de telles coopératives, et ce qui est possible ailleurs doit l'être ici.

Souhaitons donc, à la fin de ce petit ouvrage pour lequel nous demandons à MM. les Délégués de la

Société des Agriculteurs de France de bien vouloir nous accorder leur bienveillante indulgence, souhaitons qu'il se trouve bientôt quelques hommes d'énergie, qui entreprennent hardiment, sous le patronage de l'Union Centrale des Syndicats agricoles, la fondation d'une coopérative de vente pour la prospérité de cette plaine et de cette belle ville : Châteaurenard-Provence.

MARCEL BROSSARD.

BIBLIOGRAPHIE

Encyclopédie départementale des Bouches-du-Rhône, tome 12 : Le sol et ses habitants.

Le Commerce des Produits agricoles (Poher).

La Culture** fruitière et maraîchère **en France. Son avenir. **(Raymond Gavoty.)**

TABLE DES MATIÈRES

TROISIEME PARTIE

Utilisation économique

QUATRIEME PARTIE

Développement économique

Imprimerie Départementale de l'Oise, 26, Rue de Malherbe, Beauvais

www.ingramcontent.com/pod-product-compliance
Ingram Content Group UK Ltd.
Pitfield, Milton Keynes, MK11 3LW, UK
UKHW021535260726
13993UKWH00002B/504